工业经济空间拓展论

汪　飚　著

中国建筑工业出版社

图书在版编目（CIP）数据

工业经济空间拓展论／汪勰著.—北京：中国建筑工业出版社，2014.1
ISBN 978-7-112-16330-4

I.①工… II.①汪… III.①工业布局－城市空间－空间规划－研究
IV.①TU984.13

中国版本图书馆CIP数据核字（2014）第012973号

责任编辑：刘　丹　陆新之
责任校对：陈晶晶　关　健

工业经济空间拓展论

汪　勰　著

＊

中国建筑工业出版社出版、发行（北京西郊百万庄）
各地新华书店、建筑书店经销
北 京 嘉 泰 利 德 公 司 制 版
北京顺诚彩色印刷有限公司印刷

＊

开本：787×1092毫米　1/16　印张：14　字数：270千字
2014年6月第一版　2014年6月第一次印刷
定价：118.00元
ISBN 978-7-112-16330-4
　　（25055）

内容提要

工业是城市的主要职能之一，工业用地是城市空间的重要组成部分。根据西方经济学基本理论，经济增长具有周期性螺旋上升的特点。工业化与城市化具有非常强的关联性和协同性，工业经济是通过对工业、仓储、交通、设施等的直接影响和对居住、商业、公共服务、绿化等的间接传导，从而影响甚至决定城市整体用地空间布局。所以在一定程度上可以认为工业经济增长是城市空间发展的核心动力，工业经济的阶段性增长导致了城市空间的跳跃式拓展，在不同发展阶段两者之间的影响要素、作用机制和变化模式不尽相同。

以武汉为实例，通过对历史资料、统计数据和政策演变等，分析研究其百年来四个阶段的工业经济发展和城市空间拓展的脉络和肌理，结合国内外典型城市实例、国家区域经济发展战略和武汉工业经济发展的阶段、动力及趋势，认为武汉未来的工业经济与城市空间将有两个明显的发展阶段。在工业经济的主导下，第一阶段到 2030 年，仍然按照"集聚"与"扩散"的发展模式，在武汉主城外围发展"产城一体"的综合新城，形成"主城 + 新城"的空间布局结构；第二阶段到 2050 年，将按照"区域产业经济一体化"的发展模式，以武汉城市圈为主要腹地，建设若干更为独立的"卫星城"，形成"中心城 + 卫星城"的空间布局结构。

前　言

　　工业化启动了人类现代文明，工业经济也是当前城市经济的重要组成部分，工业经济发展和工业用地布局是城市结构优化和用地空间拓展的主要驱动力。作为一名城市规划人员，深刻感受到城市的工业经济增长对城市空间拓展的支配作用，撰写本书的主要目的就是研究和探索工业经济与城市空间拓展之间的相关性，以及相互作用、共同演变的规律，以便准确把握城市建设和发展的趋势，科学预测城市拓展方向和空间布局结构。

　　本书基于对西方经济学、经济地理和城市规划等学科的理论研究，明晰工业经济增长与城市空间发展的关系，并以国内外城市发展案例为实证，特别是以武汉的发展为例，用计量模型分析、CAD 技术、GIS 辅助分析等方法，通过对工业产业和城市用地的数据分析和空间推导，研究工业经济增长主导城市空间拓展的机制。在此基础上，推演武汉未来工业经济发展趋势和城市空间发展框架，提出基于工业发展的城市空间管理建议。本书希望从城市规划的视界，研究分析经济增长对城市空间演进的影响，特别是希望探索工业经济阶段性增长影响城市空间跳跃式拓展的机制。

　　本研究包含五个方面的主要内容：

　　第一部分：梳理和总结西方经济学、经济地理学和城市规划等领域有关工业经济增长特征和城市空间拓展模式的理论，从不同的角度探讨工业经济和城市空间发展规律，对本书的深入研究提供理论支撑。

　　第二部分：研究认为，工业经济对城市发展的意义在于：工业发展不但推动了社会进步和区域城市分工，工业还是城市的基础产业和重要经济门类，工业部门创造了大量就业，对维护社会稳定、提高技术进步、提升综合实力等具有重要作用。工业经济主要是通过用地需求、规模聚集、服务设施、配套设施等，影响城市的人口分布、功能聚集、设施布局和生态框架，进而主导了空间拓展模式、城市发展方向和用地布局结构。

　　第三部分：研究表明，因为要素规模投入与科技效率提升的交互作用，工业经济增长呈现阶段性螺旋上升特征。同时，工业产业对建设用地的需求及人口迁移的影响，以及在城市建设投入、基础设施布局、国家政策、城乡规划等因素的综合作用下，引导城市空间跳跃式拓展。工业经济阶段增长与城市空间跳跃拓展的节奏一致、同步演进。国内外城市的实证，特别是对武汉案例的回归分析，充分证明了这一规律。

第四部分：根据钱纳里标准、库兹涅茨标准等工业发展阶段理论，对武汉城市发展判断认为，武汉市正处于工业化中后期。基于武汉所处的工业发展阶段，以及存在的问题、机遇、优势等情况，将武汉未来城市空间拓展分为两个阶段：第一阶段，到2030年，在工业经济的推动下，武汉市选择在中心城外围发展6个"产城一体"的综合新城，形成"主城"+"新城"的发展模式；第二阶段，到2050年，在产业链的辐射和连接下，依托对外干道和产业轴、城镇走廊等，形成中心城与武汉城市圈卫星城的分工布局体系，统筹和带动区域协调发展。本书预测了在工业产业主导和推动下的"2+2"、"3+6+3"、"3+4+3"等三种城市空间拓展模式。

第五部分：本书建议，在全球反思"去工业化"的背景下，中国更应重视工业经济发展，引导更多的社会资金、技术、人才投向工业经济领域。同时，还要依据工业经济发展需求构建城市空间框架，依据工业经济规律建设和管理城市，依据工业经济增长特征保障工业发展用地和服务设施配套。

鉴于作者知识面和理论水平的局限性，本书的研究可能会存在不足之处，恳请专家和同仁批评指正。

汪　勰
2013年8月24日

目 录

1 | 绪论

2 | 工业经济发展与城市空间规划的相关理论

3 | 工业经济增长对城市空间拓展的影响与作用

4 | 工业经济推动空间拓展的机制分析与实证研究

5 ｜ 工业经济主导空间拓展研究——以武汉为例

6 | 各工业产业主导武汉空间拓展分析

7 | 研究结论及展望

1

绪论

1.1 研究背景

城市是人类美好的家园，是现代文明的标志，是全球财富的聚集地，也是所在地区域的政治、经济、文化、科技、教育的中心。1933年国际建筑协会（CIM）在雅典会议上制定了一份关于现代城市规划的纲领性文件——《雅典宪章》。《雅典宪章》提出，现代城市最基本的职能是：居住、工作、游憩、交通，城市应按居住、工作、游憩等进行功能分区，同时在三者之间平衡布置相互联系的交通网络，所以工业是城市必不可少的基本职能之一。中国古代，即使是在重农思想根深蒂固的商周时代，也非常重视工业发展，司马迁在《史记·货殖列传》中援引《周书》说"农不出则乏其食，工不出则乏其事，商不出则三宝绝，虞不出则财馈少"，可见当时大农、大工、大商都是国家必须具备的社会职能（《六韬》谓之"三宝"）。春秋战国时期的管仲还将全体国民划分为"士、农、工、商"等四民。可见，在中国古代"工"也是一种非常重要的社会职能和正式职业。

工业化是人类社会脱离农业社会，走向现代工业和信息文明时代的必然过程。近年来，大量的有关城市空间拓展动力因素的研究表明，经济增长、人口增长和产业结构变化是城市用地空间扩张的核心驱动力（详见表1-1）。对于城市而言，人口增长是"果"，经济增长和产业结构演化才是"因"，而经济增长和产业结构演化的核心就是工业化过程（陈柳钦，2004）。

城市用地扩张驱动要素 表1-1

城市	经济增长	人口增长	产业结构	地理环境	交通	政策制度	城市规划	开发区
南京	√					√	√	
福清	√			√	√			√
贵阳	√	√		√	√			
香港	√			√	√			
马鞍山	√	√	√					
保定	√	√					√	
长春		√						
重庆	√		√	√	√		√	
西安	√	√			√			√
厦门	√			√				
乌鲁木齐	√						√	
长沙	√	√		√	√		√	

资料来源：刘涛，曹广忠.城市用地扩张及驱动力研究进展[J].地理科学进展，2010（2）。

由于所处的区位条件不同、规模大小不同，各城市的功能和职能也千差万别、各不相同。从城市经济发展看，其工业增加值往往占据国民生产总值的 50% 左右，所以有"无工不富"、"工业是经济的命脉"的说法，肯定了工业在城市发展中的重要性。在中国城市建设中，工业用地的比重一般在前两位，占据城市用地的 20%~25%（工业城市的工业用地比例更大），工业经济决定了城市性质和发展定位，工业用地策动和主导了城市空间的拓展速度和发展方向。当前，中国进入一个工业化、城市化加速发展时期，城市化率每年以 1% 左右的速度递增，预计到 2020 年城市化率将达到 60% 左右、2030 年达到 70% 左右。中国的城市化令世界瞩目，被称为引领全球第三次城市化浪潮。

武汉，因水而生、因工而兴。与绝大多数城市一样，武汉也是区域农业发展到一定阶段而产生的。发达的江汉平原农业和丰富的农产品资源支撑和推动了武汉手工业启蒙和近代工商业大发展，进而在明末清初成为全国四大名镇之首。清末，张之洞在鄂兴办"洋务运动"，大力推行"湖北新政"，设置了汉阳铸铁厂、湖北枪炮厂等，以及织布、纺纱、缲丝、制麻等四局，使武汉成为中国近代工业的发源地，成为"驾乎津门，直追沪上"、享誉全球的近代大都会。新中国成立后的"一五"、"二五"时期，中央在武汉建设了武重、武船、武锅等 15 项重型工业，再次推动了武汉工业经济发展。直到 20 世纪 80 年代，武汉的工业总产值一直位居全国前四。在武汉建城的 3500 年里，尤其是最近 100 年的快速发展中，在工业经济发展的影响下，城市空间走过了"点—线—圈—轴"的发展序列，城市的空间拓展变化都与工业经济发展模式密切相关，所以武汉是以工业化推动和引领城市化的典型城市。

最近，武汉市委、市政府提出，为提高城市综合实力，利用国家实施"中部崛起"战略、建设"两型社会"试验区和东湖国家自主创新示范区的机遇，提出了建设"国家中心城市"的目标，并从工业经济发展起步，全力实施"工业倍增计划"，拟到 2015 年实现工业总产值比 2010 年的 7000 亿元翻一番，达到 15000 亿元，规划工业用地面积将由目前的 160km^2 扩大到 385km^2，这些规划和计划将会对武汉城市的用地布局和空间结构产生重大影响。

所以，研究城市空间发展，必须研究工业经济发展和工业经济增长特征，研究工业经济增长与城市空间拓展的关联性和互动特征，以便有效地掌握城市发展规律，准确地预测城市空间拓展。

1.2 研究目的和意义

1.2.1 研究目的

根据世界银行发布的《2020年的中国》，认为中国正面临着两个方面的转变，即：一是从计划经济向市场经济转变，一是从农村、农业社会向城镇、工业社会转变。工业化是城镇化的动力源泉，城镇化是工业化的空间平台，随着我国工业化进程的加快及生产规模的扩大，工业经济逐步强盛，带来了我国城镇化的加速发展，两者相互推进，共同发展。

所以，开展本项研究工作就是着眼于探索工业经济与城市发展的关联性，从研究城市空间拓展的源头——工业经济发展的内在规律，来把握城市建设和发展的趋势，具体是：

（1）研究探索工业经济阶段性增长与城市空间跳跃式拓展的相关性。以国内外典型城市以及典型经济发展阶段的案例分析，通过计量分析，研究提出工业发展与空间布局的内在关联性。

（2）找寻工业经济对城市空间的作用机理和传导路线。研究工业空间发展变化的驱动因素，重点分析交通、产业政策、龙头企业、产业地位的变化等因素对工业布局的影响，总结各个发展时期工业空间布局的主要影响因素。从工业用地布局本身，以及工业用地直接对仓储、交通、市政设施、绿化等空间用地的引导作用，同时以工业就业为内因，对居住、商业等城市用地的传导作用，影响城市空间布局。

（3）准确判断武汉工业经济的发展阶段和城市空间拓展规律。历史上武汉在全国工业经济中的地位极高，工业经济发展推动了整个城市的空间发展和结构演变。本研究主要对武汉工业发展阶段进行划分，提出各时期的工业发展思路和主要特征，并对各个时期工业发展的地域空间分布特征、空间布局重心的变化、空间组织模式以及主要产业政策等进行分析和总结。

（4）系统梳理武汉未来发展机遇和挑战。在中国经济梯度转移和均衡发展的背景下，系统研究武汉面临的优势、问题、机遇、挑战，合理预测城市工业发展模式、方向和路径，为武汉未来大力发展工业经济，提升城市综合实力，提供理论参考。

（5）科学预测武汉工业发展走势和空间拓展方向。结合历史性机遇对工业空间布局的影响，例如工业结构战略调整所带来的企业员工分流、用地空间或厂房闲置、新产业发展与空间布局的矛盾、不同类型产业对环境需求的差异等，分析预测武汉工业发展趋势，对适应工业发展的空间布局、政策保障等提出管理建议。

1.2.2　研究意义

鉴于上述目的，本研究具有非常重要的现实意义：

（1）从定性和定量的角度，研究提出工业经济增长对城市空间拓展的影响，进一步明确工业经济对城市发展的重要作用，证明在当前城市发展阶段制造业与服务业同等重要，提升和巩固工业经济在城市总体发展中的地位。

（2）用西方经济学的计量分析和研究手段，尝试建立工业经济与城市空间相互作用、相互影响的量化分析模型，以创新城市规划学科关于城市空间的研究方法，将该领域的分析研究从定性转向定性与定量结合，丰富城市规划研究手段和工作手法，提升城市规划的科学性。

（3）工业用地发展是城市空间拓展的主要源动力，搞清工业用地发展规律，找寻工业影响城市空间的脉络和机理，可以抓住城市空间发展的主线，有利于科学预测城市未来空间布局，对编制城市总体规划，尤其是对开展城市发展战略规划研究非常关键，也非常必要。

（4）在当前还存在片面追求"现代服务业"、宣传鼓吹"去工业化"思潮的背景下，通过国内外工业发展案例，阐述中国城市发展工业，包括传统工业的重要性，特别是希望强化工业经济对提升城市综合实力的重要性，以便从城市规划和用地空间上重视工业经济发展，保障工业用地供应规模，支撑工业经济的持续、快速增长。

1.3　相关国内外文献研究

本文探讨的主题是工业经济增长、城市空间拓展，关注的对象是阶段性、跳跃式，把握的要素是工业企业布局、城市用地空间，追寻的线索是工业化与城市化，研究的机制是经济规律、城市规划。基于上述情况，有重点地查阅和学习了相关文献，并按照类别对国内外研究文献和理论实践进行了归纳和综述。

1.3.1　经济增长与工业化城市研究

法国建筑师戈涅（T.Garnier）提出了工业城市概念，1917年出版了《工业城市》一书。该书对工业城市的设想是：城市的工业职能部门安排在河口附近，便于进行水上运输，这是布置其他用地的前提条件。其他城市功能区布置在日照条件良好的高地上，沿着通往工业区的城市道路展开，工业区与居住区之间的道路上设立一个铁路总站。在城市中心布置公共设施和公共建筑，两侧布置居住区。

英国学者斯科特（A.J.Scott，1986）认为，城市是资本主义社会生产、劳动分工和市场的中心，产业更替是城市发展演变的主要内容。产业通过后向关联、资本和劳动力的集聚、与周边交通的联系而产生城市化。他认为劳动分工和工业多样化是产生集中和城市增长的基本因素。他认为产业组织形式的垂直一体化是工业向城市外围地区分散发展和集聚的驱动力。

斯科特从工业的角度研究城市地域结构，认为工业类别的差异导致就业人员的教育水平、种族、年龄、性别、数量、收入水平等差异，从而促成了城市人口的空间分异。斯科特认为教育、娱乐、运动等虽然属于非产业活动，但仍属于劳动者素质和技能的提升过程，所以可以认为城市是为工业生产服务的。

克鲁格曼（Paul R.Krugman，1993）从规模经济、运输成本、工业在支出中的比例等三个指标的结合角度研究工业中心（或工业城）与周边农业的关系，一个区域成为工业中心（或工业城）取决于：较大的规模经济、较低的运输成本、较高的工业支出份额。

梁进社（1999）概括了城市化背后的经济作用机制：劳动力从农业部门转入非农部门，并转移集中在被称作"城市"的地方。同时，由于城市集聚规模经济的促成，劳动力所抚养的人口和服务的人口也伴随着劳动力的这两个过程，从农村迁入城市。这就是最基本的"经济推动的城市化"。

李小建、李二玲（2002）总结了相关的产业聚集理论：即，马歇尔提出的产业集群认为企业为追求外部规模经济而在一定的地域范围内集中，具有技术外溢、提供共同的劳动市场和共享中间投入品等好处；韦伯认为企业出于相互协作、动力使用、成组分布（投入、产出联系）而趋向于集聚；以克鲁格曼为代表的新经济地理学家认为集聚通过规模收益递增、运输成本和要素流动的相互作用而产生。

刘秉镰、王家庭（2004）用微观经济理论来分析，认为随着制造业内部分工的日益细化，使制造企业之间的生产协作需求加强，从而提高个人与企业的专业化程度，使企业与企业之间、企业内部、制造业内部各产业之间的分工演进加快，促进了工业化发展。而且，由于工业生产不可分离，导致产品与产品之间的生产成本增加（主要是产品之间的运输费用与交易费用）。为了降低生产成本，制造业的生产逐渐聚集于某一区域内，共同使用城市的基础设施，使生产成本大幅度降低，形成生产聚集经济，逐步形成生产型城市。

邵晖（2011）以分工为切入点，对产业成长和生产组织结构的演变以及城市经济结构的变迁进行研究，认为随着分工的深化和企业功能的不断分化，不同功能之间的联系成本决定了功能空间的结合或分离，联系成本和区位成本共同构成了企业的空间成本，而企业的区位决策就是要寻求空间成本的最小化。

琼斯（Jones C.I.，1999）模型显示，工业革命不可避免。工业化带来人口增加和人均消费总水平和人均消费年增长率的加速，出现人口大迁移。经济学家刘遵义（2003）也认为，工业化是大国获得长期持续的人均收入增加的唯一有效路径，工业化是大国普遍采取的经济发展战略。

科里克（Kolek，2002）认为，20 世纪 70 年代通信技术和计算机技术推动了工业产业重组，包括产业的空间转移和产业结构的服务化，城市内部工业呈现衰退的景象，新兴工业开始向城市边缘转移，出现城市"去工业"和产业"去中心化"，城市中心由劳动密集、资源密集型的福特式生产向技术密集、知识密集型的小批量、定制、市场型产业转化。

1.3.2 工业化与城市化的相关性研究

城市空间结构是城市经济社会活动在物质空间上的投影，工业化与城市化相互促进、耦合联动、同向发展是世界经济和城市化发展的一般规律。城市化、工业化及与经济发展的关系受到学术界的高度关注。

法国经济学家佩鲁（F.Perroux）1955 年首先提出了增长极发展模式。该模式认为，增长极对区域经济发展的影响是通过支配效应、乘数效应、极化与扩散效应等三种方式。通过上述方式，增长极影响周边地区产业发展和空间布局。增长极的形成、发展、衰落和消失，都将引起区域或者城市的空间结构发生相应变化。后来，佩鲁的学生布代维尔（J.Boudeville）、拉塞（J.R.Lasuen）等将该理论更加空间地域化，提出了"增长中心"概念，将增长极理论直接与城市的聚集体系联系起来，认为一个增长极或增长中心的形成离不开城市的聚集优势和多功能；城市必须处在经济中心，周边按照功能分工形成居民定居地体系。

美国规划学家弗里德曼（John Friedman，1967）分析工业化进程中的区域发展，提出区域开发阶段论：①前工业化阶段，区域经济结构以农业为主，各经济中心相对独立，小而分散，缺乏等级结构。②工业化初期阶段，在交通便利、资源丰富的区域产生工业集聚，也带来人口、资本和物资的快速聚集，形成中心城市。这时单极规模大且呈现空间二元结构。③工业化成熟阶段，由于工业快速发展，中心城市出现"规模不经济"，开始向外围地区扩散，形成次一级的经济中心。④空间相对均衡阶段，随着核心区域对周边扩散的加强，周边次级中心不断发展，形成与核心区相抗衡的规模和作用，使区域内的要素流动基本处于平衡状态。空间组织上形成功能相互依赖的一体化区域。

美国经济学家库兹涅茨（Simon Smith Kuznets）认为现代经济增长是工业化和城市化共同作用、共同发展的过程。在当今时代，生产产品的来源和使用资源的去处已经从农业领域转向为非农业生产，这个过程就是工业化过程。同时，城市与乡村之间的人口分布也随同发生变化，这个过程就是城市化过程。城市化的发

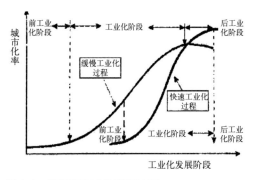

图 1-1　城市化和工业化的演进关系

展速度（用城市化水平的演变作为评判指标）与工业化的发展过程（用第二产业的就业比作为评判指标）之间有较强的相关性（详见图 1-1）：在工业化初期，城市化水平呈现缓慢上升的态势，向 30% 的水平靠近；在工业化中期（即扩张期），城市化水平的年均增长率是工业化初期的 1.5~2.5 倍，城市化率向 70% 的水平快速靠近；在工业化后期（即成熟期），第二产业的就业或 GDP 在国民经济中的比重，上升到 40% 左右后，缓慢下降，城市化速度也与此对应地有所降低，两者关系呈现 S 形上升曲线。由于工业化与城市化相互协调，推动了经济社会的健康、稳定、持续发展。

郑长德、刘晓鹰（2004）认为，某一地区或者国家的经济发展，在空间上必然要经历城市化的过程，在产业上必须经历工业化的过程。其中，城市化要取决于工业化，工业化又决定了城市化，工业化的发展必然会带来城市化的发展，同时城市化又会影响和促进工业化进步。所以说，工业化是城市化的基本动力，而城市化则是工业化的直接后果，城市化的发展又促进了工业化的进步。

达捷（2007）认为，城市化是工业化的必然产物，离开了城市化，工业化效率就会降低，离开了工业化，城市化就无的放矢，就会失去发展的动力。赵伟（2009）断言，无论哪门学科，只要是讨论城市化都无法忽视另一个进程，即工业化进程，城市化与工业化之间的联系非常紧密。城市化是工业化的重要内涵，城市化也是工业化的直接外延。

段禄峰、张沛（2009）研究认为，工业化与城市化紧密联系，同生同长。其中，工业化是城市化的经济内涵，城市化是工业化的空间布局。农业社会转向工业社会时，农业领域的富余劳动力会自然转向工业和服务业，所以分散在农村的人口会向各级城市、城镇集聚，工业化诱导了城市化；同时，城市规模的扩大、基础设施的完备，又为工业发展提供了更加优良的外部环境，以吸引人才、资金、科学技术等生产要素向城镇集聚，从而促进工业化的进程，促使工业向更高的层次发展。

世界银行于 1981 年针对包括中国在内的 20 多个亚洲国家和地区的工业化与城市化，建立了关系计量模型，即 $U=0.52+1.882I$（$R=0.933$）。其中，U 是指城市化率，I 是指工业化率（以就业比重代表），R 为相关系数。模型表明，亚洲地区城市化与其工业化有很大的依存关系，工业化率每增加 1%，城市化率则增加 1.882%。

1.3.3 工业化与城市化的协调性研究

从文献资料看，学术界比较认同城市化与工业化的相关性，但是对城市化与工业化是否协调、城市化是超前还是落后，却颇有争议。

王小鲁、樊纲（2000）、顾朝林（2000）等认为，相对而言我国的城市化进程滞后于工业化进程，城市建设滞后于经济发展，滞后于世界相同水平的发展中国家。

郭克莎（2002）认为，中国的城镇化没有过多地偏离工业化，主要在于工业化的偏差而不是城镇化的偏差，即产出结构方面的工业化超前与就业结构方面的非农化滞后之间的偏差。中国工业发展对城市化的推动不强，其原因在于1949年后推行的资本密集型的重化工业作为优先发展的工业化战略，这一战略直接导致了工业发展对劳动力的吸收提升到很高水平，从而使中国的城镇化水平偏低。

景普秋、陈甬军（2004）认为，在工业化与城市化发展的起步期，工业化发展是核心，推动了城市化的发展，城市的主要功能是为工业发展提供集聚场所。在成长期，工业规模化发展，推动了服务经济与城市化，而城市化为工业专业化提供发展条件，并共享基础设施，两者互动最为明显。成熟期，工业化的作用开始淡化，城市发展的主导产业由工业演变为服务业，并且城市化逐步成为经济发展的重心。

李国平（2008）认为，中国的城镇化进程是与工业化紧密联系、相互适应、相互促进的过程。改革开放以来，中国先后经历了城镇化落后于工业化、城镇化和工业化相对协调、城镇化快于工业化等三个发展阶段。当前，中国大部分地区的城镇化发展速度与工业发展水平相互协调、基本一致，东北地区有过度城镇化趋势，中西部地区的城镇化发展水平和农业人口向非农业领域转化的速度比较低，有低度城镇化趋势。

陈明星、陆大道等（2009）用象限图法研究表明，城市化与经济发展水平之间存在高度相关性。发达国家呈现"高城市化、高经济发展水平"的高协调类型，发展中国家中的拉美、非洲、亚洲部分国家呈现过度类型，发展中国家中的亚洲、非洲部分国家呈现"低城市化、低经济发展水平"的低级协调类型。

刘涛、曹广忠等（2010）以四川和浙江为实证，从不同发展阶段的省、县两个层面进行研究。其研究结论表明，发展水平比较低的地方，城镇化发展与工业化和经济社会发展的协调性较好，但是发展水平较高的地区，协调性普遍较差，城镇化相对于各项指标的超前或滞后比较严重。

侯小卫（2011）对中国改革开放以来城镇化与工业化的发展关系进行了 I/U 和 N/U 定量分析，结果表明，中国的城镇化滞后于中国的工业化，但是改革开放以后两者之间的差距逐步缩小，其中城镇化与工业化最协调的时间是2003年，从

2003 年开始，城镇化的滞后趋势又有所增大。同时，由于受自然基础和政策因素影响，东、中部地区城镇化滞后于工业化，东北地区城镇化超前于工业化，西部地区城镇化水平不高，但却与工业化发展最为协调。

1.3.4 城市空间拓展影响因素研究

近 20 年来，中国城市建设取得飞速发展，城市规模成倍扩大，引起了各方专家学者关注。很多学者对中国城市空间拓展的影响要素和外在驱动力等进行了研究，提出了不同论断和结论。

史培军等（2000）以深圳为研究样本，将其 1980 年到 1994 年间快速发展阶段的遥感数据，以各年城市建成区的规模为因变量开展多元回归分析，结果显示人口增长、境外投资、第三产业发展是深圳特区建设用地拓展最主要的外在驱动力。

学者谈明洪、李秀彬（2004）等基于对中国最大的 145 个城市在 20 世纪 90 年代的发展情况进行实证研究后认为，经济发展主要是通过第三产业的增长来推动城市空间扩张，所以第三产业增长是当时城市用地扩张最主要的驱动力。

但是，韦素琼、陈健飞（2006）对闽台建设用地变化影响因子的分析认为，第二产业对城市建设用地拓展的影响要高于第三产业，而且从工业化初期到工业化中期，其影响还在不断提高。建设用地变化的影响因素主要是投资、消费和出口等，其中投资和消费是城市规模扩张的核心动力，出口的影响要比较弱一些。这个论断非常符合经济学的相关主张。

学者刘涛、曹广忠等（2010）用统计方法对国内相关文献进行分析研究，其结论是，区域城市用地扩张的核心驱动力是经济发展水平的提高、城镇人口的增长、工业化的推进和地方政策，而开发区建设、交通市政设施的改善、区域较高的人口密度等也对建设用地增长起到推动作用（详见表 1–1、表 1–2）。结合其他论断，

城市用地扩张驱动力的区域研究   表 1–2

研究区域	用地数据	研究方法	经济发展	城镇人口	产业结构	政策制度
陕西 22 城市	土地详查	相关分析	√	√	√	√
天山北坡 17 市县	遥感影像	相关分析	√	√	√	√
江苏县级单位	土地详查	相关分析	√	√		√
中国省级单位	中国国土资源年鉴	多元回归岭回归	√			
中国省级单位	土地详查、概查	逐步回归	√			
新疆县级单位	遥感影像	定量描述	√	√	√	

资料来源：刘涛，曹广忠．城市用地扩张及驱动力研究进展 [J]．地理科学进展，2010（2）。

两位学者认为："地理环境是城市用地扩张的基本条件和最重要的限制因素，经济发展和人口增长是城市用地扩张的根本动力，而交通等基础设施的建设、城市规划的指导和开发区建设等政策制度则引导了城市扩张的模式和方向"。

夏艳婷、翟宁（2010）基于区域经济角度分析认为，城市经济是推动城市空间结构演变的重要动力。从城市内部空间结构看，在现代工业生产制度下，城市产业结构的调整决定了城市经济的功能，从而对城市空间结构产生影响。

1.3.5 武汉空间拓展的实证研究

专家学者对武汉城市空间发展的研究领域主要集中在城市空间的历史演变上，包括武汉的区域地位以及工业经济、水运交通自然条件对武汉空间发展的影响，尤其是对武汉三镇，即汉口、汉阳、武昌的关系和拓展方向的影响。

李百浩、王西波、薛春莹（2002）认为，武汉是中国沿长江城市中开埠最早、租界区最大的城市之一，在全国最早倡导并推行洋务运动，近代城市化活动最为活跃，研究分析武汉近代发展特征对于中国近代城市发展历史研究，甚至中国与西方文化比较研究，都有重要意义。

胡忆东、胡晓玲（2007）研究认为，武汉近现代城市职能经历了"封建镇邑（综合职能）—工商重镇（强调经济职能）—大都会（综合职能）—工业城市（工业职能）—交通流通中心（强调第三产业）—经济中心、制造业基地（强调工业经济）"等阶段。当城市职能强调工商经济职能时，城市空间以外延扩展为主，当强调城市综合职能时，城市空间以内涵调整为主，呈现周期性变化。

吴之凌、汪勰（2009）对武汉近百年来城乡规划思想的历史演变进行研究，认为武汉的城市空间规划分为三个阶段，每个阶段都适应了当时的经济、社会发展需求：民族资本主义时期引进了有机疏散规划理论，从三镇的尺度对城市职能进行了分工，奠定了武汉大都市的基本框架；社会主义计划经济时期借鉴苏联规划思想，强化组团式发展格局，强调基础设施建设，初步确立三镇整合的发展思路；社会主义市场经济时期吸收了"花园城市"规划理论，城市采取了"圈层＋轴向"的空间布局，积极发展卫星镇和新城。

汪勰、钟华、何灵聪（2005）从武汉城市空间结构的演变过程和演变特征进行分析，因受到国家政治经济形势、城市新兴产业、自然条件对城市空间拓展的吸引和阻碍、交通对城市空间扩展的支撑及堤防建设对武汉空间扩展的保障等方面的制约，武汉城市空间增长经历了"点状发展—触角生成—轴间填充—触角再生"四个空间演变阶段，优先选择交通干道为发展轴线，再转向各轴线之间填充发展，最终形成饱满、密实的圈层式发展。

张毅、黄亚平（2010）实证分析了武汉20世纪90年代以来的城市土地开发情况，提出影响土地开发和空间成长的经济、交通区位、自然地理、政策等四项主要因素，根据四项因素对城市空间成长的影响，总结提出武汉城市空间呈现一种空间不连续的紧贴式生长，最终形成了簇群式空间结构模式。

王洁心（2010）研究了武汉城市空间发展历史及其主要动力，认为武汉空间发展的动力机制表现为：政府调控力占据主导地位，经济推动力稍弱，环境支撑力起基础作用。1860~1948 年间，武汉城市空间呈现"多元拼贴"的特点，空间拓展动力主要是外国资本输入以及国内民族工业的发展。1949~1965 年间，武汉呈现"跳跃发展，轴向推进"的特点，空间拓展的主要动力是中央政府投资。1966~1979 年间，武汉城市空间呈现"边缘填充"的特点，空间拓展动力来自于自下而上的地方需求。

方齐云、徐梦全、王伟波（2010）采取了国际通用的钱纳里标准、库兹涅茨标准、霍夫曼标准等，选取了人均 GDP、三次产业比、第一产业就业比、轻重工业产值比、城市化水平、工业化率等六项指标，将武汉市工业经济发展划分为四个阶段。

萧一啸（2011）利用计量经济学方法，基于武汉 1995 年到 2009 年的时间序列数据，实证分析武汉服务业发展与城市空间发展的相互关系。研究结论是：由于服务业的发展，吸引了更多的人口进入武汉市，带来城市化水平提高，但城市化水平的提高并没有反过来带动服务业的进一步发展，而工业化则是带动武汉城市化发展的主要原因。

1.3.6　文献研究综述

从上述国内外工业经济推动城市空间拓展的文献研究看，鉴于工业经济研究和空间发展规划研究都起源于欧洲，尤其是工业革命的发源地——英国，而且都是同步的，所以都高度认同工业经济与城市空间拓展的相关性。即使在中国，改革开放后，工业化和城镇化也是并驾齐驱的，专家对工业经济与城市空间的依存关系也非常认同，尽管有学者对城市化与工业化之间的进程是否协调、谁超前谁落后等，稍有争议。

对工业经济主导城市空间发展机制的研究已经比较深刻，产生了增长极理论、多核心理论等理论和单核、轴向等经典空间发展模式，并成为区域经济学、经济地理学的核心内容。在工业经济对空间发展的传导机制上，传统的西方经济学分析方法，如交易成本、规模经济、外部效应等，以及城市经济学的聚集、扩散、区位等理论得到广泛应用。

学术界对经济发展呈现阶段性的变化比较认可，有些学者还提出了评判经济发展阶段的标准。

鉴于中国近 30 年的工业经济与城市化的蓬勃发展，空间经济学领域的研究也取得较大进步。包括空间要素在资源配置和产业集聚中的作用、产业集聚的空间分布特征、基于地区发展差异和要素流动对城市空间的开放性及区域一体化（城市群、城市圈和城市带）的影响等，都成为研究的热点。

但是，上述对工业经济增长与城市空间拓展的研究主要基于宏观层面，如城市与乡村之间、工业与农业之间、产业区与功能区之间，甚至是城市与区域之间，而且研究方法主要集中在实例描述、定性研究、逻辑分析、演绎推理。例如，研究两者的相关性时，中外学者大多借鉴工业产值比重与城市化率（或城镇化率，或非农比）。

同时，学者对城市空间是否存在跳跃式拓展的普遍特征，尤其是对应于经济发展的阶段性增长而呈现空间的跳跃式拓展，还没有涉及。而且，作为城市空间资源配置的主要学科，城市规划学并没有在上述研究中得到充分利用。

城市规划学是对城市用地的细分、空间要素的控制和开发建设的引导的一门科学。既然工业用地占城市用地比例非常之高，而且工业基本上是发展中国家城市空间拓展的主要动力，城市规划对工业经济及工业发展应该给予足够的关注和研究。

特别是，需要以某个快速发展中的城市为例，进行实证研究，来揭示发展经济学的主要要素——"工业化"与城市规划学的主要对象——"用地空间"之间的内在联系和作用机制，以便通过对经济发展特征的研究，来辅助预测城市空间拓展趋势。

当前，城市规划已经可以借助建立空间地理信息系统，运用计算机模拟城市空间形态演变趋势的技术，与经济学基本理论，尤其是计量经济学的研究方法结合，来科学模拟和研究工业经济发展与城市空间拓展的趋势。

同时，城市规划学刚刚被国务院批准为一级学科，将成熟的经济学理论引入城市规划学科，也能极大地充实和提高城市规划的科学性、合理性、系统性和综合统筹性，丰富城市规划的分析方法和研究手段。

1.4 研究方法和技术路线

1.4.1 研究分析方法

本书采用大量的理论研究成果、规划发展案例、历史数据分析和用地空间推导，研究方法涉及理论推导、案例分析、情景预设、计量分析等。

1. 理论案例分析

本文的理论案例分析主要包括文献研究法、案例分析法、逻辑推理法等。

其中，文献研究法是利用各种论文论著、历史资料、各种史志进行研究，找寻工业经济及用地空间演变的历史规律。

案例分析法是利用欧美国家、国内发达城市的工业发展情况、空间扩展情况，分析工业经济主导城市空间的机制。

逻辑推理法是总结和归纳相关理论和历年空间及经济的变化，探讨数据演变规律，分析内在机理，进而推演未来工业经济和用地空间的发展趋势。

2. 情景预设分析

情景预设分析是一种直观的定性预测方法，又称脚本法、前景描述法，通常假定某种现象或某种趋势将持续到未来的前提下，对预测对象可能出现的情况、未来的发展或引起的后果作出种种设想或预计。情景预设分析工具，包括 PEST 分析和 SWOT 分析。

3. 模型计量分析

本书的模型及计量分析方法主要包括模型分析法、CAD 技术和 GIS 辅助分析法等。其中：

模型分析。模型分析是通过对有关历史统计数据的处理，利用大量的工业经济数据、城市建设数据以及各类经济比重、用地比例，建立模型进行运算，分析对象发生变化的原因，掌握其变化的原因和趋势，回归分析和模拟预测工业经济增长与城市空间拓展之间的相关性。本书主要采取时间序列灰色系统分析、线性回归分析和罗吉斯模型（Logistic）方法等。

CAD 即计算机辅助设计（Computer Aided Design）。本书中 CAD 技术主要是借助计算机及其图形设备，将城市工业产业分布、城市拓展状况定位在二维空间上，并进行计算、分析、比较、检索，提出研究或者判断的结论。CAD 技术最大的优势在于用图形分析，可以直观地表达和展示复杂的二维平面或三维立体的空间关系，甚至可以动态展示演变过程。

GIS 即地理信息系统。GIS 辅助分析是将反映城市增长和土地利用变化的各类地理空间数据（如地形、地貌、道路、建设用地等）以及描述这些空间特性的属性数据，通过计算机进行输入、存储、查询、统计、分析、仿真，并与城市工业用地变化进行数据比对和定量评价，以研究分析城市各历史阶段的工业和用地之间的演变规律，以及律动机制，并对未来发展趋势作出科学预测。

1.4.2　技术路线

研究的技术路线是：

第一步，对国内外研究进行综述，并利用城市经济学理论、城市规划学理论，总结归纳工业化与城市化的关系。同时，结合工业经济和工业产业在国民经济发展以及对其他产业、提高居民就业等方面的影响，进一步明晰工业产业对社会经济和城市发展的作用和意义。通过分析工业经济增长的影响要素以及工业用地在各类城市建设中的用地比例，明确提出工业经济增长和工业用地布局影响着城市空间拓展。

第二步，研究西方经济学关于经济发展阶段的理论，根据技术进步和工业经济的渐进过程，总结提出工业经济增长呈现阶段性特征。利用实例分析和推理方法，提出城市空间跳跃式拓展的特点。然后，结合国内外的相似城市实例以及典型城市模型回归分析，认为两者具有非常强的相关性，一个是内因，一个是表象，两者亦步亦趋、共同演进。

第三步，分析工业经济增长对城市空间拓展的影响方式，研究在前期、中期、后期及成熟期等不同阶段的经济发展要素、工业产业门类、用地扩展模式等，提出工业经济增长对城市空间拓展的驱动机制。

第四步，通过对武汉历史资料、统计数据和国家政策演变背景的研究，划分武汉工业经济增长的历史阶段，总结各阶段工业产业、企业和园区的发展情况。按照城市规划理论和城市生长规律，研究各工业经济增长阶段，城市用地空间跳跃式的拓展特征和时空演变机理。

第五步，结合欧美城市工业化过程和国内相关城市工业经济发展实例，研究武汉未来工业经济发展趋势，预测武汉工业用地发展动向，判断城市空间拓展方向，构建城市建设用地布局的结构框架。

第六步，根据工业经济主导城市发展的规律，对武汉未来城市拓展地区提出工业产业发展重点和方向以及城市建设用地布局设想，提出基于工业经济发展规律的规划建设管理建议。

1.4.3 研究创新点

（1）本书研究采取经济学、经济地理、城市规划等多学科综合，尤其是将西方经济学的基本理论和计量分析方法应用到城市规划学科，建立对应的数理关系。这样，既可以扩展和延伸经济学的研究领域，提高经济学在城市经济社会发展和城市规划建设管理中的实用性和现实作用，又可以进一步提高城市规划学科的科学性、准确性，有助于从经济学的角度提高对城市发展规律性的认识，让城市规划方案尽可能接近和反映城市内在发展规律，便于掌握、预测、控制和服务城市发展。

（2）本书在研究论证工业增长的阶段性与空间拓展的跳跃式的基础上，首次研究证实工业阶段性与空间跳跃式的相互作用、共同演进关系，提出"经济增长的阶段性是内因，空间拓展的跳跃式是结果"的结论，为各地、各城市坚定支持和促进工业经济发展提供理论支撑。

（3）本书采取基于多源、多尺度、多时态的空间数据进行城市空间和用地增长研究，以武汉为实证，参考其他城市，将海量的空间数据，包括典型年份武汉市的空间遥感影像数据、城市用地审批数据、历年城市建设用地扩展数据、历年的城市工业经济数据，应用到城市用地演变研究中，利用空间数据库和数据挖掘技术，系统论证城市工业经济和城市建设用地的"数字"变化过程。

（4）本书研究注重理论的应用性，尝试建立一种西方经济学理论在城市建设评估、规划预测中的应用渠道和方法。鉴于城市建设发展的评估、预测是城市规划学科最基本、最核心的内容，所以本书开辟新的城市规划研究手段和研究模式，以丰富城市规划工作的成果和内容。在武汉城市规划史上，第一次尝试将西方经济学理论实际应用到城市规划研究。

2

工业经济发展与城市空间规划的相关理论

本书以经济学、经济地理、城市规划等学科的成熟理论为支撑，融合多种学科的长项，形成跨学科的研究成果。

其中，西方经济学理论包括区域经济学、发展经济学、城市经济学、计量经济学、产业经济学，涉及区位理论、经济增长阶段理论等；地理学包括经济地理学、城市地理学和历史地理学等，涉及核心—边缘理论、增长极理论、中心地理论、工业区位理论等；城市规划学包括空间拓展模式、有机疏散理论、聚集与扩散理论、功能分区理论、区域规划理论、城市群理论等。

2.1 经济学相关理论

2.1.1 规模经济理论

规模经济理论是指在一个特定时期内，企业产品绝对量增加时，其单位成本下降，即扩大生产规模可以降低平均成本，从而提高利润水平，引起经济效益增加的现象。规模经济反映的是生产要素的集中程度同经济效益之间的关系(详见图2-1)。规模经济的形成有两种途径，即依赖于个别企业对资源的充分有效利用、组织和经营效率的提高而形成的"内部规模经济"和依赖于多个企业之间因合理的分工与联合、合理的地域分布等所形成的"外部规模经济"。

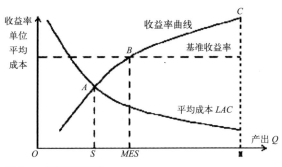

图2-1 最优规模经济

正是因为外部规模经济，众多企业或经济活动在局部空间上集中，企业聚集而成的整体系统功能大于在分散状态下各企业所能实现的功能之和，这种因众多企业的空间聚集而产生的额外好处，称为聚集经济。聚集经济产生的原因：一是企业和人口的集中，扩大市场规模和生产规模。二是企业集中，互为市场，生产协作方便，供销关系固定，彼此提供原材料、生产设备和产品，降低运输费用，降低产品成本。三是促进基础设施、公用事业的建立、发展和充分利用。四是带来熟练劳动力、技术人才和管理人员的聚集。五是有利于企业之间的直接接触，以便企业相互交流学习和推广技术，也便于开展广泛协作和竞争，改进生产、提高质量。

规模经济和聚集经济是推动城市化和工业规模化发展的主要动力。

2.1.2 区位理论

1. 古典区位论

18世纪中期，古典经济学家就开始研究经济活动由于区域不同而获得成本差异对产业配置的作用，提出了区位论。1776年，英国的亚当·斯密（Adam Smith）在其著作中论述过运费、距离、原料等对工业区位的影响。

1826年，德国经济学家杜能（Von Thunen）的《孤立国同农业和国民经济的关系》通过归纳市场距离、土地价格、地租水平和商业活动等因素对特定区位的地租及土地利用方式的影

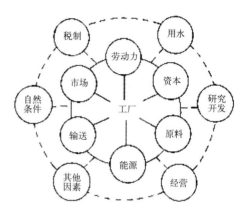

图2-2 工业区位论要素关系图

响，提出了农业区位论。1868年，德国学者罗舍尔（W.G.F.Rocher）提出了"区位"的概念，区位就是围绕"生产上的利益"，受原料、劳动力、资本的制约的要素。原料地对区位的影响力或者牵引力，决定于原料加工过程中的减少量。

1909年，德国学者韦伯（Alfred Weber）在《纯粹的区位理论》中，提出工业区位论，认为区位因子决定生产场所，工业配置时，总是会选择生产费用最小、节约费用最大的地点，尽量降低成本，尤其是运费（详见图2-2）。所以，交通成本、劳力成本与集聚分散是工业生产的区位选择的三个主要因子。韦伯的工业区位理论成为城市经济学和工业布局的基本理论。

瑞典经济学家俄林（B.Olllin）在其1924年的《贸易理论》和1933年的《区际贸易和国际贸易》等书中讨论了工业布局问题，在区位论的基础上，引入贸易理论加以分析。根据该理论，生产要素扩散、人口流动、投资转移以及企业意愿的变化，引起工业优势区位的转移。

以上古典区位论可以归类于成本决定论，该理论主要是研究和分析人类活动，尤其是工业生产的空间关系和工业分布、空间演变的规律。

2. 动态区位论

德国地理学家克里斯塔勒（W.Christaller）和德国经济学家廖士（August Losch）分别在1933年和1939年，提出了反映经济活动区位的中心地理论和市场区位理论。

中心地理论探讨了一定区域内的城镇等级、规模、数量、职能之间的关系以及空间分布、发展的规律性。该理论认为中心地城市空间布局的形态受到市场、

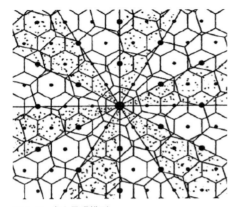

图 2-3　廖士景观模型
（资料来源：黄亚平．城市空间理论与空间分析 [M]．南京：东南大学出版社，2002）

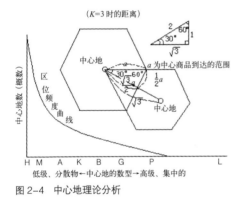

图 2-4　中心地理论分析

交通和行政等三个因素影响而形成不同系统。在"理想地表"之上，从生产的角度，生产者为了获得最大的生产利润，往往寻求掌控尽可能大的市场区，导致生产者之间的间隔距离也尽可能地大；从消费的角度，消费者为尽可能减少消费过程中的交通成本，会自觉地到最近的中心地消费或者接受服务。这样每个中心地的服务区就变成了最稳定的六边形空间结构，而每一个次一级的中心地成为六边形的六个顶点（详见图 2-3）。各级中心地组成一个有规律的、递减的、多级六边形的空间图形，形成一般均衡状态下的中心地空间分布模式。

在此基础上，市场区位理论研究不同等级的市场圈所辖消费地数量和最大供应距离等问题。认为消费者购买某种商品的数量，取决于商品的实际价格，就是商品的销售价格加上运费。假如土地是同质厂商使用，实际价格随商品提供点的距离长短而变化，

利用数学推导和经济学理论，提出了中心地六边形的市场区（详见图 2-4）。同时，随着商品市场区的距离加大，运费增加，价格上升，销售量也逐渐减少。为此创造了市场需求的圆锥体，圆锥尖为最远点的销售量，而底座为最近距离的销售量。

克里斯塔勒的中心地理论推动了地理学由区域个性描述向空间规律和法则的探讨，廖士的市场区位理论也开创性地提出了从消费地来研究经济空间和工业布局。

3. 现代区位论

20 世纪 50 年代，美国区域经济学家伊萨德（Walter Isard）用"空间经济论"的观点研究区位论，引入了比较成本分析和投入产出分析等综合分析方法，进行工业区位分析。伊萨德认为，追求最大利润是产业配置的基本原则，但是最大利润的实现同自然环境、产品成本、区域间工资水平等因素有关，因此影响产业发展和工业布局的条件和因素很多，而且其中有些因素是互相依存的，并且是可相互取代的。

例如，资本因素与劳动因素之间的关系，当投资者设立特定规模的工厂时，在工资高、技术条件好、资金充裕、利率低的地区，可采用先进设备，虽然投资多，但可节省劳动费用；而在劳动力充足、工资低廉、资金困难的地区，可采用不很先进的技术，以节约投资。

所以，合理的区位选择和产业配置必须分析多种要素，特别是要对成本—市场因素进行综合分析。伊萨德把工业区位理论与社会实践结合起来，使之成为地区开发规划的基本理论。

2.1.3 经济增长阶段理论

工业起源于农业，并随着科学技术的进步而递进发展，在演化过程中，其要素供应、产业结构、空间结构、资源配置方式等会出现阶段性发展特点，从而使经济呈现阶段性增长的特征。

1. 经济长波理论

苏联经济学家康德拉捷夫（Nikolai D.Kondratieff）、美国经济学家熊彼特（Joseph Alois Schumpeter）等提出了"经济长波理论"，他们对西方主要工业化国家的工业经济年度报表进行了分析，发现工业革命以来的200多年，经济发展呈现周期性的波动，大概可以分成长度为40~60年的4个周期性长波（时间节点是1800、1850、1900、1950年），每个长波周期称为一次"长周期"（即康德拉捷夫周期）。

此外，有些经济学家还根据经济发展的周期时长提出了其他经济周期（详见表2-1），如3~4年的"短周期"（即基钦周期）、9~10年的"中周期"（即朱格拉周期）、15~25年的"建筑周期"（即库兹涅茨周期）和"综合周期"（即熊彼特周期）。

技术创新与区域、城市发展及世界城市体系格局的对应关系　　表2-1

	"长周期"	"中周期"	"短周期"	"建筑周期"	"综合周期"
名称	康德拉捷夫周期	朱格拉周期	基钦周期	库兹涅茨周期	熊彼特周期
时长	40~60年	9~10年	3~4年	15~25年	长、中、短周期结合

英国经济学家弗里曼（Christopher Freeman）将过去300年的人类生产历史，按照推动经济增长的基本产业技术，划分为几个主要阶段，即工业革命之初的早期机械时代、蒸汽动力时代、电气及重工业时代、福特主义时代、信息与通信时代。在技术进步的影响下，经济呈现周期性变化（详见图2-5）。而城市发展也具有与经济发展相似的周期性波动，每个经济周期城市建设重点有所区别，中国经济学家徐巨洲教授对此作了比较研究（详见表2-2）。

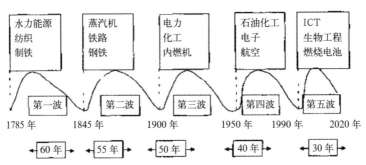

图 2-5　五次技术革命带来的产业经济周期

资料来源：王逸舟. 全球化与新经济 [M]. 北京：中国发展出版社，2002。

技术创新与区域、城市发展及世界城市体系格局的对应关系　　　　表 2-2

	第一次长波	第二次长波	第三次长波	第四次长波
技术创新	棉纺、铁、水动力	蒸汽动力、铁路、交通运输革命、冶金技术进步	内燃机、电力、汽车、化学	以电子计算机为代表
城市产业结构	农业部门占主体，制造业比重上升，服务部门比重低	制造业比重上升，服务业比重增加，农业比重下降	制造业占主导地位，服务业比重提高，农业比重很低	服务业逐步主导，制造业下降，新技术产业上升
城市化创新	期末城市化水平6%左右；人口向城市集中，城市围绕旧城扩大	期末城市化水平13%左右；人口向大城市集中，大城市郊区化开始	期末城市化水平25%左右；产业向郊区迁移，城市分散化开始	1993年世界城市化水平达到44%；城市中心区衰退，城市分散化普遍
世界经济中心	英国伦敦是国际中心城市	英国、美国开始起飞，伦敦中心城市向纽约分化	美国、英国，纽约、伦敦并驾国际中心城市	纽约、东京、伦敦国际中心城市三足鼎立

资料来源：徐巨洲. 探索城市发展与经济长波的关系 [J]. 城市规划，1997（5）。

2. 钱纳里收入六阶段理论

专家学者不但认同工业经济发展的阶段性，有些还提出了阶段性划分的具体标准，其中钱纳里（Hollis B.Chenery）的"人均收入六阶段理论"运用最为广泛。钱纳里等人利用不同年份的人均 GDP 范围标准，将某一地区的经济发展过程划分为起始时期、工业化阶段、发达经济阶段。其中，将工业化阶段细分为工业化的初级阶段、中级阶段、高级阶段，将发达经济阶段划分为发达经济初级阶段、发达经济高级阶段（详见表 2-3）。

3. 库兹涅茨工业化五阶段理论

美国著名经济学家库兹涅茨（Simon Smith Kuznets）通过对 57 个国家的数据资料，分析 1958 年以人均国内生产总值为参照的产业结构变化，并依据同一人均

钱纳里人均GDP与经济发展阶段关系　　　　表 2-3

时期	人均GDP（1970年美元值）	人均GDP（1998年美元值）	经济发展阶段	
1	140~280	600~1200	工业化准备期	初级产品生产阶段
2	280~560	1200~2400	工业化初期	工业化阶段
3	560~1120	2400~4800	工业化中期	
4	1120~2100	4800~9000	工业化成熟期	
5	2100~3300	9000~14400	发达经济初级期	经济稳定增长阶段
6	3300~5040	14400~21600	发达经济高级期	

资料来源：钱纳里等.工业化和经济增长的比较研究 [M]. 上海：上海三联书店，1989。

国内生产总值下的 59 个国家 1960 年从业人员在三次产业中的比重为基础，提出了"工业化五阶段理论"（详见表 2-4）。

库兹涅茨工业化五阶段划分标准　　　　表 2-4

结构	工业化阶段（人均GDP）	第一阶段（70美元）	第二阶段（150美元）	第三阶段（300美元）	第四阶段（500美元）	第五阶段（1000美元）
产业结构（%）	第一产业	48.4	36.8	26.4	18.7	11.7
	第二产业	20.6	26.3	33	40.9	18.4
	第三产业	31	36.9	40.6	40.4	39.9
就业结构（%）	第一产业	80.5	63.3	46.1	31.4	17
	第二产业	9.6	17	26.8	36	45.6
	第三产业	9.9	19.7	27.1	32.6	37.4

资料来源：崔向阳.中国工业化指数的计算与分析 [J]. 经济评论，2003（6）。

4. 霍夫曼工业化四阶段理论

德国经济学家霍夫曼（W.C.Hoffmann）分析了 20 多个国家有关的工业经济发展资料，研究其消费资料工业与生产资料工业之间的比例关系，提出了消费资料工业与生产资料工业之比，即霍夫曼系数，并按比例大小将工业发展划分为四个阶段（详见表 2-5）。

霍夫曼工业化发展四阶段　　　　表 2-5

阶段划分	第一阶段	第二阶段	第三阶段	第四阶段
消费资料工业与生产资料工业比重情况	消费资料工业独占鳌头	生产资料工业发展提速，但仍相对不足	生产资料工业与消费资料工业平分秋色	生产资料工业领先增长（重化工业阶段）
霍夫曼比例	5%（±1%）	2.5%（±1%）	1%（±0.5%）	1%以下

2.2 经济地理学相关理论

经济地理学以人类经济活动的地域系统为中心，研究产业结构与产业布局演变规律的科学。经济地理学是以地域为单元，研究经济活动的地理区位、空间组织类型及其与地理环境相互关系的学科。

其所指的人类经济活动，是以生产为主体，包括生产、交换、分配和消费的整个过程，是由物质流、商品流、人口流和信息流把乡村和城镇居民点、交通运输站点、商业服务设施以及金融等经济中心联结在一起的经济活动系统。

2.2.1 空间结构理论

1. 聚集—扩散理论

20世纪初，西方学者提出空间聚集与扩散的思想。聚集—扩散理论是研究城市空间动态拓展机制的理论。根据该理论，因为存在技术经济、分工合作和规模效应等，一定区域内的工业企业、资本、技术、人力、资源等各种生产要素，通过最大限度的空间集中，获得最高的经济效益，导致了城市或城镇的产生，并使区域政治、经济、社会、文化等功能和职能向城镇聚集，使之成为所在区域的经济社会发展的主导核心。

城市的聚集经济提供了城市的吸引力、推动力，城市的聚集不经济构成了城市的排斥力和约束力。因此，当城市聚集到一定阶段时，由于城市资源的有限性和稀缺性，受到"瓶颈"制约，城市发展带来了新的成本，如城市拥挤、土地价格高涨、环境污染、过度竞争等，城市发展速度将相对放缓，原来已经聚集的资金、技术、资源等为了寻求更高的发展机会，开始向城市周边地区扩散，也导致了其他城市服务功能随之跟进，形成了新的城市空间增长点，引导了城市空间的向外拓展。

所以说，城市经济和城市空间的聚集—扩散，既有规模效应，促使城市产生，又具有外溢效应，导致城市拓展。城市的聚集与扩散引起了城市核心的分化和空间布局的分异，带动了区域的整体发展和进步，促进了生产力和生产要素的流动。

2. 增长极理论

增长极是由法国经济学家佩鲁（Francois Perroux）在20世纪50年代提出来的。该理论将经济空间定义为"存在于经济元素之间的结构关系"。该理论认为，在经济空间中，各元素之间存在不均等的相互影响，一些经济元素支配着另一些经济元素，存在着极化过程和类似"磁极"作用的现象，如果把发生支配效应的经济空间作为力场，那么力场中的推进性单元就是增长极。增长极不仅能迅速增长，而且能通过支配效应、乘数效应和极化与扩散效应推动其他部门和周围地区的增长，最终是通过不同渠道向外扩散，从而影响整个经济发展。

法国经济学家布代维尔（J.B.Boudeville）将增长极理论引入到区域经济理论中。他强调经济空间的区域特征，认为"经济空间是经济变量在地理空间之中或之上的运用"。该理论认为：增长极是城市区域配置不断扩大的工业综合体，并在影响范围内引导经济活动的进一步发展。根据该理论，投资重点应该集中在经济增长中心，并且增长会从该中心向周围地区传播，通过有效地配置增长极（即增长中心）来推进工业经济向周边扩散，以促进经济在整个区域的发展。布代维尔把增长极同空间联系起来，即增长极的"极"位于城镇或其附近的中心区域，使增长极具有空间地理概念。

3. 梯度转移理论

梯度转移理论是根据 20 世纪 60 年代美国哈佛大学经济学教授弗农（Raymond Vernon）的"工业产品生命周期理论"、美国经济学家汤姆森（J.H.Thompson）的"区域生命周期理论"等为基础，结合区域经济发展增长理论和扩散理论创立的。该理论认为，没有完全相同的两个地区，地区与地区之间因为存在区位条件、资源禀赋、社会文化等方面的差异，必定会出现经济发展、技术水平的梯度差。经济、技术一般在高梯度区得到初始创新、快速发展，直至成熟，因为扩散效应和涓滴效应，往往会由高梯度区向低梯度区转移。通过高梯度地区与低梯度地区的合作，可以缩小区域内的地区差，实现经济分布的相对均衡。

产业梯度转移的过程，首先是资源要素在更大的区域流动，随后会带来企业的迁移，最后带动产业的转移。产业梯度转移中，资源要素的流动和累积是产业转移的前提条件，企业迁移是产业转移的实际载体。

2.2.2 新经济地理理论

1. 核心—边缘理论

美国区域规划专家弗里德曼（J.R.Friedman）在 1966 年提出了"核心—边缘理论"，其基本论断就是"经济发展具有阶段性，区域发展具有不平衡性"。该理论认为，随着经济周期性增长，经济空间随之转换，从而产生了区域不平衡，其中经济增长区域是核心区域，而经济增长比较缓慢或进入衰退状态的区域是边缘区域。核心区处于统治地位，边缘区处于依附地位。经济权力要素、技术进步、高效生产活动、社会创新等集中于核心区。一定条件下，核心与边缘的边界、空间结构会发生变化，最终达到区域空间的一体化。

该理论根据工业产值比重，将空间经济增长划分为四个发展阶段。其中，在前工业阶段，工业产值比重小于 10%，经济发展的区域不平衡问题表现得不太显著；在过渡阶段，工业产值比重大致在 10%~25%，那些区位优势明显的地区表现出较高的经济增长速度，出现了"核心区域—边缘区域"的对比；在工业阶段，工业产值比重大致在 25%~50%，此时边缘区域内相对而言比较优越的地区出现了高速经济增长，国家层面的"核心—边缘"的经济空间结构转变为多核的经济空间结构；在后工业阶段，工业产值比重逐步下降，工业活动由城市中心区向外围地区逐渐扩散，边缘区被经济发展同化，从而形成了更大规模的城市化地区。

2. 产业集群理论

产业集群理论最典型的是哈佛大学教授迈克尔·波特（Michacle Porter）在《国家竞争优势》一书提出的产业集群现象的分析。他认为，产业集群是指在一个特定的领域，以某个主导产业为核心，引导大量互相关联的工业企业、专业化供应商、服务供应商、相关产业的厂商，以及相关的机构（如大学、科研院所、标准制定机构、产业协会等）在地理空间上集聚，彼此共通性和互补性相联结，并形成强劲、持续竞争优势的现象。

这种聚集不是简单的空间集中与靠近，更在于企业之间的有机联系，使集群内的企业比单个分散企业更易获得某些协同效应，如集聚效益、资源共享、设施公用、降低制度成本、协同创新、互相学习等。因此，产业集群往往超越某个或某类产业的范畴，而形成在某个特定区域内的若干产业融合、各类机构联结的经济共生体，构成该区域的整体竞争力。这种企业、机构的"扎堆式"的空间聚集，对城市空间布局和规模性拓展具有明显的影响。

3. 新产业区空间理论

新产业区空间理论兴起于 20 世纪 70 年代，是 Scott、Stoper、Harrison 和 Waler 等人在研究美国硅谷、德国巴登—符腾堡、意大利艾米利亚—罗马格纳等高技术产业综合体后提出的。该理论认为在一个高度变动的市场环境下，本地化的生产协作网络可以减少社会交易成本，并保护合作，有利于提高企业的创新能力和灵活适应性，为了尽量降低企业运营成本，企业需要聚集。

20 世纪 80 年代，该理论增加了知识创造与空间扩散等要素，从企业与其所处的社会环境之间的互动关系入手研究企业集群的形成动因，将产业的空间聚集现象与创新活动联系在一起。认为，决定高新技术产业发展的最主要因素，是与发挥人力资本潜力相关的经济组织结构和文化传统等社会环境因素。产业的本地化包括提升整个区域的技术和专业化水平，提供丰富的高素质劳动力，增加辅助的贸易和专业化服务。以硅谷为例，美国硅谷成功的真正原因，是其有一个良好的有利于创新、有利于人才成长的文化生态环境。

4. 地租和竞租理论

英国经济学家李嘉图（David Ricardo）基于城市空间效率提出一般地租的概念，地租是指任何一块城市土地经过利用而得到的经济收益。后来杜能提出级差地租的概念，位置级差地租理论认为，某个地区一定面积城市土地的地租大小决定于该土地上的生产要素投入量和投入方式。

城镇中，决定土地租金的最重要因素是该土地在城市中的区位条件。美国经济学家伊萨德（Walter Isard）研究后认为，决定地租大小的主要因素：一是与城市中心商务区的空间距离；二是到该地区的交通可达性；三是该土地竞争者的数目及所在的位置；四是降低其他成本的外部要素。

根据地租概念，延伸出竞租理论。该理论是根据各类经济活动对距离城市中心区不同空间距离的地点所愿意或者所能付出的最高租金来确定这些经济活动的区域位置。根据美国经济学家威廉·阿隆索（William Alonso）的调查研究，商业活动由于靠近城市中心区而具有较高的竞争力，紧随其后的城市职能和功用依次为办公、工业、居住和农业（详见图2-6）。根据竞租理论，设定在单一中心的城市，可以得到同心圆式的城市布局。

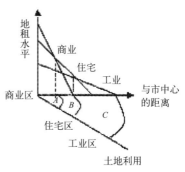

图2-6　竞租理论分析

2.3　城市空间规划相关理论

2.3.1　传统城市理论

1. 田园城市理论

19世纪末，英国社会活动家霍华德（Ebenezer Howard）出版了《明天：通往真正改革的和平之路》（1898）论著，提出了"田园城市"的发展思想。理想中的田园城市是为了获得健康、提升生活、推动产业发展而设置的城市，其内容主要是城市与乡村两部分，用城乡一体的新社会结构形态取代城乡分离的旧社会结构形态。

该理论按照5万人口、6000英亩占地规模设置，单中心圈层发展（详见图2-7），城市构图中的圆心是中央公园，围绕中央公园的是政府、医院、图书馆等公共设施，再到外围是环状公园，城市的外圈是商业区，再外围是住宅区，在住宅区的外环规划布局林荫大道、学校以及游乐设施等，最外围又是花园式住宅区，整个区域类似同心圆层层相扣。而城市的周围是郊野绿带，包括耕地、牧场、果园、森林、疗养院等，永不得改作他用，在田园城市的边缘地区设有工厂企业。

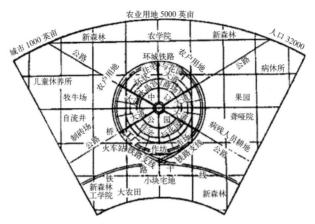

图 2-7 "田园城市"模式

资料来源：埃比尼泽·霍华德. 明日的田园城市 [M]. 金经元译.
北京：商务印书馆，2002。

六条交通干道从中央公园呈放射状向外扩散，城镇与农村之间进行物资交流，自给自足，封闭发展。这种模式后来被称为乌托邦，被批评无法适应大城市人口增长的需要。

2. 光辉城市理论

作为工业化的支持者，法国建筑师柯布西耶（Le Corbusier）于20世纪初在其《明日城市》（1922年）和《光明城》（1933年）中提出了"光辉城市"概念。"光辉城市"理论集中体现了其"功能主义城市"和"集中主义城市"的理论与思想：城市必须集中，只有集中的城市才有生命力。

该设想是以工业大发展为背景，描绘了一个有300万居住人口的城市规划图（详见图2-8），中央为城市中心区，除了必备的各种管理机关、商业服务和公共设施、文化体育和生活服务设施外，接近40万人居住在24栋60层高的摩天大楼中，大楼周围控制着大片的生态绿地，城市中心建筑占用土地不到城市总面积的5%。在城市中心区的外围布局环形的居住带，大约有60万居民集中居住在连续的多层板式住宅内。城市的最外围是可以容纳200万居民的花园住宅区。整个城市的平面是严格的几何形态，矩形的道路和对角线式的道路混合在一起。

通过提高城市中心区的建筑高度，向高层发展，以提供充足的绿地、空间、阳光、游憩、运动条件等。提高城市强度和人口密度，增加停车场、地铁和人车分离等高效率交通系统，解决城市拥挤问题。"光辉城市"的模式后来被批评过度集中，导致环境恶化。

3. 有机疏散理论

针对过度聚集后的城市拥挤和大城市病，芬兰建筑师沙里宁（Eero Saarinen）

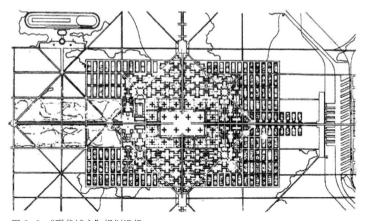

图 2-8 "现代城市"规划设想
资料来源：W·博奥席耶，O·斯通诺霍．勒·柯布西耶全集 [M]．第 1 卷．牛燕芳，程超译．北京：中国建筑工业出版社，2005。

在 1942 年出版的《城市：它的发展、衰败和未来》一书中提出了"有机疏散"的发展模式。

该理论的基本思想是"对城市日常活动分功能进行集中"、"对各功能集中点进行有序分散"。对现有拥挤的城市进行空间改造，将城市功能区域分解为若干集中的布局单元，将集中单元组织成"在活动上相互联系的功能点"。建议城市工业、商业、居住等功能可以离开拥挤的中心地区，疏散到新区，使原先密集的城区分裂成一个一个的集镇。腾出来的地区进行整顿，用保护性的绿化带隔离，由此得到更适于生活和安静的居住环境。有机疏散理论在二战后对欧美各国建设新城、改建旧城，以及大城市向城郊地区疏散扩展有重要影响，但该理论被批评过度地疏散、扩展，产生了能源消耗增多和旧城中心区衰退等新问题。

4. 工业城市设想

法国建筑师戈涅（Tony Garnier）在 1917 年出版的《工业城市》中阐述了工业城市的具体设想（详见图 2-9）。城市用地和功能布局尽可能符合工业发展的需要，这是布置其他城市功能和建设用地的前提条件。例如，工业部门和工业企业的布局应该优先考虑，安排在河口附近，以便通过河道进行水上运输和交通。将不同的、具有内在关联的工业企业构成为若干群体；将对生态环境影响较大,的大型炼钢厂、高炉以及机械锻造厂等企业和工厂远离居住区布置；那些职工人数较多、对生态环境影响较小的纺织厂等工业结合居住区布置，以便生活与工作方便，在厂区布置大片生态绿地。其他城市用地布置在日照条件较好的高地上，并沿着通往工厂区的道路展开。沿着道路在工业区与居住区之间设立铁路站,方便货物及乘客使用。

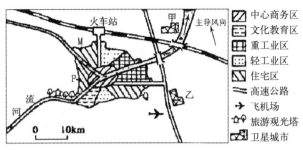

图 2-9 "工业城市"规划设想

在城市的中心集中布置公共建筑，在中心区两侧布置居住生活区，而且将居住区划分为多个居住片区，每个居住片区设一所小学。

工业城市思想和城市功能分区布置的设想，对解决当时城市中的工业与居住相互混杂问题具有积极意义。

5. 卫星城理论

卫星城概念产生于 19 世纪末的英国，正式提出的是 1915 年美国学者泰勒（Graham R.Taylor）的《卫星城镇》一书，随后在英国伦敦率先建成。卫星城是为分散中心城市的人口和工业，在大城市郊区或外围建立的具有相对独立性，既有就业岗位，又有较完善的住宅和公共设施的城镇。卫星城虽有一定的独立性，但是在行政管理、经济、文化以及生活上同所依托的大城市有较密切的联系，与母城之间保持一定的距离，一般以农田或绿带隔离，但有便捷的交通联系。

第一代卫星城即卧城，仅供居住之用，工作和文化生活仍在母城。第二代卫星城是半独立的，有一定数量的工厂企业和公共服务设施，居民可就地工作，强化了与母城的地铁、快速公路等交通联系。第三代卫星城基本独立，距母城 30~50km，有相当比例的工业区与居住区、配套的公共服务设施，其中心也是现代化的。第四代卫星城是多中心开敞城市，疏散了母城的部分工业和人口，消减了母城的吸引力，与母城及其他卫星城有快速交通连接，形成城市群组（详见表 2-6、图 2-10）。

四代卫星城比较　　　　　　　　　　　　　　　　　　　　表 2-6

卫星城类型	卫星城特点	卫星城规模（万人）	与中心城距离（km）	卫星城职能	与中心城交通方式
第一代卫星城	卧城	6	10	居住、生活服务	公路主干道
第二代卫星城	半独立卫星城	10	20	居住、生活服务、部分就业	电气化铁路、高速公路
第三代卫星城	独立新城	20~40	60~80	居住、就业、服务	铁路、高速公路、公路干线
第四代卫星城	城市	50~100	100 以上	完全城市	城际铁路、高速公路

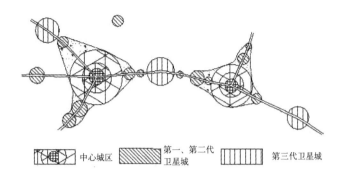

中心城区 第一、第二代
卫星城 第三代卫星城

图 2-10 三代卫星城区域结构示意

资料来源：张京祥. 城镇群体空间组合 [M]. 南京：东南大学出版社 ,2000。

6. 传统城市结构理论

传统的城市空间模式主要包括同心圆模式、扇形模式、多核心模式等三大经典理论模式。其中：

同心圆模式是 1923 年由美国社会学者伯吉斯（E.W.Burgess）从人文生态学角度提出的（详见图 2-11）。该理论的主要内容是：城市中心商业区是城市单一核心，不同功能的城市用地围绕该核心布局，并且有规则地向

1– 中心商业区
2– 过渡性地带
3– 工人阶级住宅区
4– 中产阶级住宅区
5– 高级或通勤人士住宅区

图 2-11 伯吉斯的同心圆模式

外围扩展，形成同心圆式的城市空间布局结构。所以，同心圆模式的城市地域结构是"城—郊"二分，即中心商业区与居住生活区组成城区，通勤区组成城市的郊区。

扇形模式是美国土地经济学家霍伊特（H.Hoyt）于 1939 年研究提出来的（详见图 2-12）。该理论的核心思想主要是：中心商业区居于城市的中心；批发市场和轻工业区沿着交通线自城市中心向外放射性延伸；由于中心区、批发市场和轻工业区对居住的环境产生影响，居住区表现为由低租金区向中租金区的无极过渡，而高房租区沿城市交通性干道从低房租区向郊区放射延伸。扇形模式和同心圆模式的最大差别就在于扇形模式是针对居住用地布局的，同心圆模式是针对城市全域的，二者并没有对对方进行全面否定，而是相互补充。

多核心模式是麦肯齐（R.D.Mckerzie）于 1933 年研究提出来，并且经过哈里斯（C.D.Harris）和厄尔曼（E.L.Ullman）进一步发展而产生的（详见图 2-13）。多核心模式的主要思想是：城市由若干不规则的地区组成，各地区是较为独立的功能区。这些功能区分别围绕不同的城市核心布局和发展。中心商业区尽管不一

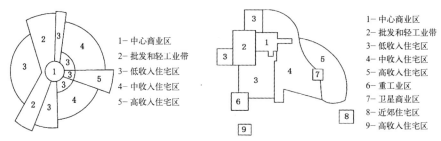

图 2-12　霍伊特的扇形模式　　　　　　　图 2-13　麦肯齐的多核心模式

定是城市的几何中心，但一定是城市的交通焦点；批发市场和轻工业带需要靠近城市市中心，又要位于城市重要的对外交通方便地区；将居住区划分为三类，其中低级居住区靠近中心商业区和批发市场及轻工业区，中级居住区和高级居住区往往在城市的一侧发展，以便取得良好的环境，居住区都有对应的城市次级中心；重型工业区和卫星城镇主要布置在城市的郊区。

2.3.2　现代城市理论

1.紧凑城市理念

欧洲社区委员会于 1990 年首次提出推广"紧凑城市"的空间形态，1997 年美国学者布雷赫尼（Michael Breheny）对紧凑城市提出了比较完整的定义：促进城市中心区的振兴；保护农业用地，限制农村地区大规模开发；推崇高密度的城市开发，提高土地利用效率；混合城市用地功能；优先发展公共交通，尽可能地减少个人交通工具，依托公共交通的枢纽和节点进行集中开发。

紧凑城市的主要思想是：因本身具有高密度和高强度的特点，使城市能容纳更多的城市建设和发展；在更为便捷的通勤距离内，提供尽量多的工作岗位、生活服务设施以及休闲社交场所；更为合理地利用公共交通设施，以保障公共交通设施的利用效率；保持既有城市中心区的活力，避免城市的无序无度扩展；造就更有活力的城市生活；更加高效地利用基础设施和资源能源；促进社会公平与融合。

紧凑城市理论建议将城市开发限制在既有的城市范围内，实现城市的"精明增长"，这样既控制了城市空间扩展边界，大量节约耕地，又可以促进旧城的复兴。但也有反对紧凑城市的观点：过高的建设密度容易引起交通堵塞；造成高昂的生活费用，特别是居住成本；通信设施有利于减少交通出勤。

2.TOD 模式

TOD 即是指"以公共交通为导向的城市发展模式"。1993 年，美国学者卡尔索普（Peter Calthorpe）在其出版的《下一代美国大都市地区：生态、社区和美国之梦》一书中提出了以 TOD 替代郊区蔓延的发展模式（详见图 2-14）。

TOD 模式是指以火车站、机场、地铁、轻轨等轨道交通以及公共汽车干线的公共站点为中心、以 400~800m（5~10min 步行路程）为半径，建立城市商业中心或中心广场，实施土地高强度开发。TOD 模式将公共交通系统的开发与土地利用开发相结合，通过土地使用和交通政策来协调城市发展过程中产生的交通拥堵和用地不足的矛盾。其

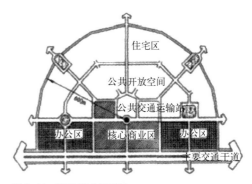

图 2-14 TOD 模式示意图

特点在于集工作、商业、文化、教育、居住等为一身的"混合用途"，使居民和雇员在不排斥小汽车的同时能方便地选用公交、自行车、步行等多种出行方式。TOD 模式是当前特大城市以快速轨道交通、快速公交系统引导城市空间拓展的主要方式，同时在城市的重建地块、填充地块和新开发地段中也被广泛采用。

3. 城市群理论

法国地理经济学家戈特曼（Jean Gottmann）在研究美国东北沿海城市地带的空间模式后，于 1957 年出版的《城市群——城市化的美国东北海岸》提出了"城市群"和"大都市经济带"的概念。

城市群是指在一个有限的空间地域内集聚了相当数量的不同性质、类型和等级规模的城市，它们在人口规模、等级结构、功能特征、空间布局，以及经济社会发展和生态环境保护等方面紧密联系，并按照特定的发展规律集聚在一起的区域城镇综合体。城市群一般是依托一定的自然环境条件，以一至两个特大中心城市作为区域经济的发展核心，通过现代化、高速便捷的交通工具和综合性、通达性运输网络，以及高度发达的信息网络，维持城市之间的内在联系。根据其空间要素的发育程度、空间聚合特征、经济活动集聚与扩散方式的差异，城市群表现为都市圈、城市带、大都市区、都市连绵带等类型。

日本 20 世纪 60 年代提出了"大都市圈"的量化概念：中心城市人口规模在 100 万人以上，并且邻近有 50 万人以上的城市，外围地区到中心城市的通勤人口不低于本身人口的 15%，大都市圈之间的货物运输量不得超过总运输量的 25%。

3

工业经济增长对城市空间拓展的影响与作用

"工业是城市化最直接的催化剂，工业化和城市化是一对结伴而生、结伴而长的孪生兄弟"（陈柳钦，2004）。城市化是工业发展的产物和结果，工业化推动了城市化。世界城市化的实践证明，城市发展史并不等于是城市化的历史，城市化是伴随着工业化的出现而发展的，工业化是城市化的动力源泉。

因为生产成本和规模效应，工业产业有着强烈的城市区位指向，其发展需要大量的劳动力和企业集聚。工业生产规模的扩大，带来了人口聚集和增加，使居民点逐渐发展成为小城市、大城市。而城市的发展为工业经济提供载体和发展环境，工业发展是城市发展的主动力，城市也对工业发展起约束作用。工业经济与城市发展的具体关系是：工业经济带动原有城市的规模扩大，为城市提供大量就业岗位，对第一产业和第三产业产生作用，带动其他各项事业（如教育科研、生产性服务、社会稳定等）的发展，影响城市结构和空间布局，影响城市生态环境等。

3.1 工业经济对城市发展的意义

工业是推动人类进步与发展、提高人类生活质量和水平的主要动力，尽管在当今城市，特别是特大城市，服务业取得了突飞猛进的发展，但是工业经济在国民经济体系中依然占据绝对重要的主体地位，作为城市最基本的经济门类，工业部门决定了城市在区域中的劳动分工和职能定位。

3.1.1 工业发展推动了社会进步和城市分工

从人类社会发展历程看，最初人类生于天地之间，属于自然的一部分，跟其他动物无异，依靠农业耕种和采摘农产品而果腹生存。农业稍有发展时，出现了短暂和局部的农牧业和手工业，但是人类还是依赖大自然。在原始的农业社会，生产方式简单，不以城镇为组织手段，城镇并不重要。当农业发展到一定阶段时，生产工具制造群体从农业中脱颖而出，便产生了工业，人类社会便从农业社会进入了工业社会，工业生产体系逐步代替了农业、半农业、工场手工业体系，小规模、分散劳动为社会化大规模的集中生产所代替。同时，农业社会的进步，使社会出现了剩余产品，存在交易互换的需求。正是因为集中生产和交易的需要，促成了原始城镇的产生。工业部门和农业部门的分离是人类发展史上的一大进步，使人类摆脱了风餐露宿、田园牧歌、刀耕火种的原始社会。这也说明了农业发展到高级阶段，人类社会必然由农业社会向工业社会转变，由工业发展主导人类进步。

随着技术进步，在工业部门内部，由于规模化生产，产生了生产加工与生产服务的分离，技术创新、生产、市场营销的相互分离，企业内部投资、管理、生产的分离，于是产生了真正意义上的"城市"，有了城市与农村的分离。因为城市的要素集聚性，工业企业也获得了规模经济效益，获得了劳动力、技术和市场信息，降低了基础设施供应和物流成本，工厂成为城市的重要组成部分。

后来，全球两次工业大革命，即 19 世纪以蒸汽机为标志的第一次工业革命和 20 世纪以电气化为基础的第二次工业革命，更是推动了人类社会进入现代文明。因为以机器文明为主要特征的工业化依赖的是更加标准化、规模化的产品生产，需要集中一切生产要素资源，包括劳动力和生产资料，进行"标准化"生产；集中一定数量的消费群体，实现"规模化"消费。于是，工业化与城市化有了共同的结合点，相互提供，相互促进，共同进步。在工业革命的推动下，城市高速拓展，城市产业空间结构开始复杂化，城市的职能就是区域经济中心，特别是成为工业生产中心，城市的性质由行政性、消费性、宗教性转变为工业性、生产性、流动性。工业革命给人类社会带来了：生产技术的根本变革；生产方式和组织形式的提升；城市化和人口向城市的转移；大量消费品出现，带来了世界范围的贸易；经济布局和产业结构优化；社会关系、价值观念、生活方式的变化。所以，工业革命被称为现代文明的标志之一，是引发城市化的主要因素。由此可见，人类社会的每一次跨越式进步与发展都离不开在工业经济方面的突破性发展和变革。

当然，由于工业化的快速发展，特别是进入重工业时代，福特制的生产模式被广泛应用到工业生产中，流水线生产技术和自动化管理，使得工业企业的生产规模需要空前地扩大。同时，交通工具的发达程度及其设施的高效性，降低了劳动流动和产品流通的配置成本，另一方面信息科技发展在客观上又降低了对交通条件的依赖，工业化和资源的集中要求被淡化了。加之，城市外部成本降低，于是工业生产开始向郊区转移，劳动力也开始外迁，城市出现去中心化。有人认为，工业生产的去中心化，不利于城市的进步和发展。但是本书认为，工业郊区化至少带来了两个方面的结果：一是城市功能结构得到了优化，土地资源利用得到了提高；二是围绕郊区化布局工业企业，人口和资源进一步聚集，新型产业进一步兴起，形成新的城市建设区，城市地域得到扩展。所以，工业郊区化使城市得到了良好的发育和生长，产生了深度的城市化。

考察一下全球各重要国家和地区进入工业化（即工业产值首次超过农业产值）的年代：英国是 19 世纪 20 年代，法国是 19 世纪 70 年代，美国是 19 世纪 80 年代，中国台湾地区是 20 世纪 30 年代，中国大陆是 20 世纪 50 年代。而城市人口首次超过农村人口的年代：英国是 19 世纪 50 年代，法国是 19 世纪 90 年代，美国是 20 世纪 20 年代，全球是 2008 年，中国大陆将是 2015 年。所以，从各国家和地区工业化进程可以看出，进入工业化的年代和工业化的程度基本上代表了这个国家或地区在当时的文明程度和先进程度。

3.1.2 工业产业是城市的基础产业

制造业是城市经济和各类产业的发展龙头，城市规划学和区域经济学把城市所有的经济部门归于"基本产业"、"非基本产业"。其中，基本产业是其制造的产品或者提供的服务主要供应城市之外的区域，而非基本产业主要是供应城市内部。工业的大多数是基本产业，为区域服务。基本产业的发展一般要独立于城市本身的经济，具有自己的发展动力，基本产业的发展主要决定于基本产业自身的规律，属于企业独立行为；但是非基本产业主要是为城市服务的，其发展主要是依附城市自身实力和本身需求。

用一个简单的推理可以说明其关系：用 B 代表基本产业就业人数、NB 代表非基本产业就业人数，整个经济就业人数 E 就是：

$$E=B+NB \tag{3-1}$$

由于非基本产业是依附于总体经济的，可以将其表示为整体就业人数 E 的常数倍 $k(<1)$：

$$NB=kE \tag{3-2}$$

合并式（3-1）、式（3-2）可得：

$$E=\left[1/(1-k)\right]B \tag{3-3}$$

也就是说，基本产业 B 每增添 1 个工作，就能导致整个经济增添 $1/(1-k)>1$（即 1 个以上）个工作，这就是"乘数效应"，$1/(1-k)$ 即"乘数效应倍数"。比如当 $k=0.5$ 时，乘数效应倍数 $1/(1-k)=2$，即 1 个基本产业的工作，带来整个经济的 2 个工作（另一个是非基本产业的工作）；当 $k=0.75$ 时，乘数效应倍数 $1/(1-k)=4$，即 1 个基本产业的工作，带来整个经济的 4 个工作（另 3 个是非基本产业的工作）。一般特大中心城市的经济部类较多，类型齐全，"链式反应"的链环也较多，所以系数 k 较大、乘数效应的倍数也较高，因此制造业的发展和变化，对城市经济的影响作用将会更大。

经济学家哈瑞逊（Bennett Harrison）的研究提出，在 1980 年美国每 100 美元的生产投资，如果投放在制造业领域，可以带来 190 美元的 GNP 增加；如果投放在服务业领域，将只能增加 80 美元的 GNP 增加（参见 Journal of Applied Manufacturing Systems，1989）。

3.1.3 工业具有较高的工作质量与价值

工业发展代表了城市经济发展的阶段和水平，提供了城市的主要财富，产生了一定层次的社会需求。而且，工业部门的投入是大规模的基础性投入，能带动相关城市基础设施的投资建设，对生产资料和消费资料的需求能拉动相关部门的生产，产生更大规模的要素集聚。

以美国芝加哥为例，1996 年芝加哥在制造业领域就业的人员其平均每周工资约为 560 美元，要高于服务业领域的平均每周工资约 400 美元和零售业领域的平均每周工资约 250 美元（参见 Kim Phillips-Fein，1998，American Prospect 40∶28~37）。而且，在芝加哥制造业领域就业人员的福利普遍较好，医疗保险比例较高（据统计，制造业领域的就业人员只有 12.8% 没有医疗保险，而服务业领域 23%~33% 没有医疗保险），制造业的退休金大多也相对有保障，所以制造业工作的质量高于服务业。

但是，在城市出让地价上，工业用地的地价常常低于住宅用地、商业用地的地价，这个表面现象导致工业的价值容易被忽视。芝加哥地区的一个鼓励大力发展制造业的组织 Great North Pulaski Development Corporation（即 GNPDC）负责人 Tony Hernandez 曾经说过："对投资者最好、最高价的用地并不等于是对城市最好、最优的用地选择"。所以说，制造业的发展需要各级政府的强力干预，制定相关的保护政策来鼓励，不能完全依靠市场力量来调节，仅仅依靠市场可能会成为不计成本的短期行为。国内各城市也无不如此，就算全国平均地价最高的杭州、上海等地，工业用地出让基本是"零地价"，或者是变相"零地价"，以便吸引工业投资。

在中国古代，虽然以"重农"思想为主，但是史学家司马迁经过仔细的比较和研究后认为，"农"、"工"、"商"、"虞"都是"民所衣食之源"、"上则富国、下则富家"。在清代,学者之间还曾经发生过"工"、"商"之争,即辩论在国家职能中"工"与"商"之间孰重孰轻。《平书》的作者王源把人们的职业分为七种，其中"良民"有五:士、农、军、商、工，"贱民"有二：役、仆。王源的这一排序立即遭到反对，名臣海瑞主张的分类和排序是：士、农、工、商、军。颜李学派的创始人、王源的友人李塨也反对："今分民而列商于工上，不可"，"古四民，工居三，商末之。盖士赞相天地之全者也，农助天地以生衣食者也。工虽不及农所生之大，而天下货物非工无以发之成之,是以助天地也"。在封建社会,"士"无可厚非是维护帝王统治地位的最关键职业，而"农"则是农业社会存在和人类生存的根本，所以"士"、"农"自然是最重要的，排在其次的就是"工"，可见在农业社会和封建社会中"工"也是非常重要的。

3.1.4 工业经济占据国民经济重要地位

工业发展和工业化是一国经济发展的关键，工业化是国民经济发展不可缺少的中间阶段。当前，全球所有的发达国家基本上都是高度工业化的国家，不发达的国家基本上都属于工业化发展落后的国家，所以说发达国家（Developed Country）被定义为经济发展水平较高、技术较为先进、生活水平较高的国家，又被直接称作为"工业化国家、高经济开发国家（MEDC）"。全球最为发达的国家是澳、美、日、德、英、法、意、加等 8 国，狭义的"发达国家"就是指上述"工业八强"。可见，工业发展对一个国家发展的重要性，某种程度上说，"工业"就等同于"经济发达"。

工业产值是衡量一个国家或地区经济发展的一个重要指标，它的总量及变化规律能够显现出这个国家或地区的经济实力和发展动力。2003~2011年，全国规模以上工业总产值由14.2万亿元增长到84.4万亿元，增长到6倍，规模以上工业增加值也保持着15.4%的增长比例，2011年已经达到18.8万亿元。基本上代表了这个阶段我国经济发展的总体特征和基本状况。2003~2010年，尽管工业产值占国民经济总产值的比例有所浮动，但是基本保持在40%以上，是名副其实的国民经济龙头和支柱（详见表3-1）。

中国工业经济占国民经济情况表　　　　　　　　　　　　　　　表3-1

年份	2003年	2004年	2005年	2006年	2007年	2008年	2009年	2010年	2011年
规模以上工业主营收入（万亿元）	14.32	19.89	24.85	31.36	39.97	50.00	54.25	69.77	84.18
国内生产总值（万亿元）	13.58	15.99	18.49	21.63	26.58	31.40	34.09	40.15	47.29
其中工业产值（万亿元）	5.49	6.52	7.72	9.13	11.05	13.03	13.52	16.07	18.85
占总值比例（%）	40.5	40.8	41.8	42.2	41.6	41.5	39.7	40.0	39.9

资料来源：历年《中国统计年鉴》。

作为我国重要的工业基地，武汉的工业发展一直处于全市经济发展的主导地位。2011年，武汉工业产值占地区生产总值的比重为36.4%，与第三产业的比值为1∶1.03，大大高于发达国家城市第二产业和第三产业一般为1∶2~1∶3的比例，工业产业在武汉经济发展中的地位不言而喻。

3.1.5 工业部门创造了大量城市就业

在美国，制造业就业人员占全国就业总数的16.7%，是全国最大的经济部门，比就业第二的零售业还高3个百分点。据统计，美国每100万美元的制成品销售额可以支持10个制造业部门的就业岗位和6个其他部门的就业岗位，而劳动力密集的服务业每100万美元销售额虽然可以支持17个服务业岗位，但在服务业以外的部门只能创造2个就业岗位（详见表3-2）。

美国经济各部门统计表（1997年）　　　　　　　　　　　表3-2

经济部门	厂家数（万家）	销售额（亿美元）	工资总额（亿美元）	就业	
				人数（万人）	占比（%）
制造业	36.4	38420.6	5721.0	1688.8	16.7
零售业	111.8	24608.9	2372.0	1399.1	13.8

经济部门	厂家数（万家）	销售额（亿美元）	工资总额（亿美元）	就业	
				人数（万人）	占比（%）
卫生保健	64.6	8850.5	3782.1	1356.2	13.4
管理服务	27.6	2959.4	1373.4	734.7	7.2
餐饮旅馆	54.5	3504.0	970.1	945.1	9.3
批发贸易	45.3	40596.6	2149.2	579.7	5.7
金融保险	39.5	21977.7	2645.5	583.5	5.8
专业科技服务	62.1	5952.5	2314.0	536.1	5.3
其他	199.8	31214.6	7769.6	2314.1	22.8
总计	641.7	178084.8	29096.7	10137.3	100

资料来源：U.S. Census of Economy，1997。

以武汉数据为例，工业部门就业人员比重一直比较稳定，近五十年保持在30%~40%之间，是美国的一倍以上，创造了大量的就业岗位（详见表3-3）。尤其是我国中部地区是劳动力集中地区，作为中部地区的中心城市，武汉的高工业就业比例，大大缓解了区域就业压力，特别是解决了中部地区大量中、低学历劳动者的就业问题。

武汉典型年份三次产业从业人员比较　　　　表3-3

年份	就业人数（万人）	第一产业		第二产业		第三产业	
		总量（万人）	比例（%）	总量（万人）	比例（%）	总量（万人）	比例（%）
1953 年	114.87	77.88	67.8	16.47	14.3	20.52	17.9
1959 年	170.54	81.26	47.7	54.10	31.7	35.18	20.6
1982 年	313.18	129.55	41.4	112.66	36.0	70.97	22.6
1988 年	351.25	97.18	27.7	152.83	43.5	101.24	28.8
1996 年	406.42	91.43	22.5	154.6	38.0	160.39	39.5
2005 年	421.80	80.56	19.1	137.51	32.6	203.73	48.3
2010 年	488.00	63.93	13.1	179.58	36.8	244.49	50.1

下面分析工业对城市就业的拉动作用，分析借鉴的核心指标是"产业产值就业弹性"。

产业产值就业弹性计算公式：$k = \dfrac{l}{j}$

其中，k为产业产值就业弹性，j为产值增长率，l为产业劳动力就业增长率。由于第二产业就业与第二产业产值之间没有比较好的数学模型关系，所以研究采用"移动平均法"（N=3）消除随机因素的干扰，然后计算第二产业年平均产值就业弹性。从武汉二、三产业产值的交叉弹性来看（详见表3-4），1996~2003年之间，第二产业对第三产业的就业交叉弹性只有2001年为−0.156，平均值达到0.21，高于第三产业平均产值就业弹性0.06个点。而二、一产业产值就业的交叉弹性只有1997、1999年为正值，明显低于二、三产业产值的交叉弹性。这说明武汉市第三产业就业的增长很大程度上依赖于第二产业的发展。

武汉市三次产业的产值就业弹性 表3-4

年份	一产业	二产业	三产业	二、三产业产值就业交叉弹性	二、一产业产值就业交叉弹性
1996 年	−0.132	0.099	0.112	0.170	−0.097
1997 年	0.168	−0.016	0.136	0.174	0.110
1998 年	0.035	−0.195	0.210	0.506	−0.020
1999 年	0.033	−0.039	0.152	0.263	0.019
2000 年	−0.458	−0.167	0.215	0.225	−0.143
2001 年	−0.245	−0.435	−0.141	−0.156	−0.096
2002 年	−0.765	0.124	0.189	0.189	−0.441
2003 年	−0.659	0.058	0.331	0.302	−0.277

再从全国类似城市的第二产业产值对第三产业就业的影响程度分析可以看出，武汉市第二产业对第三产业就业人数的增长有较大的影响力，通过计量工具Eviews3.0来分析。根据1995~2003年全国、武汉、北京、上海、天津第二产业产值与就业人数的面板数据（Panel Data），利用Eviews3.0进行回归分析，结果如下：

$$JY\_QG = 12855.824+ 0.151*EC\_QG$$

$$JY\_WH = 138.839 + 0.063*EC\_WH$$

$$JY\_BJ = 232.867 + 0.125*EC\_BJ$$

$$JY\_SH = 191.912 + 0.075*EC\_SH$$

$$JY\_TJ = 170.227 + 0.032*EC\_TJ$$

注：JY—第三产业就业人数，EC—第二产业产值；QG—全国，WH—武汉，SH—上海，TJ—天津。

从回归结果来看（详见表3-5），由于加权与不加权统计量的 DW 值都通过了5%的显著性水平，因此可以认为该数据序列不存在自相关。加权统计量也通过了 F 检验。从相关系数来看，加权与不加权的结果都达到了0.99以上，这说明四大城市第三产业就业人数变动的总离差中99%以上可以由第二产业的产值变动来解释。具体来看，全国第二产业就业吸纳弹性为0.151，即第二产业增加值每增长1个百分点，将带动第三产业就业增长 0.151 个百分点；武汉、北京、上海、天津分别为 0.063、0.125、0.075、0.032，武汉市高于天津，但低于北京、上海。

相关城市第三产业就业人数与第二产业产值回归结果分析　　表3-5

Weighted Statistics			
R-squared	0.998626	Adjusted R-squared	0.998273
Durbin-Watson stat	1.539758	F-statistic	6360.052
Prob（F-statistic）	0.000000		
Unweighted Statistics			
R-squared	0.999872	Adjusted R-squared	0.999839
Durbin-Watson stat	1.621984		

从第二产业与第三产业对第三产业就业的影响度看，武汉第二产业的发展变化对第三产业就业变化的影响程度大得多。所以，扩大武汉市的整体就业水平主要依赖于第三产业的吸纳能力，而第三产业就业人数的增长又依赖于第二产业产值的增长，因此大力发展第二产业，可以促进全市整体就业形势的改观。

3.1.6　工业经济发展维护了社会稳定

美国发达富有主要是三个方面的支撑：稳定的社会体系、强劲的生产力和发达的科技。这三项条件都与工业发展有关，因为工业大发展，制造了稳定的中产阶级，产生了富有的蓝领工人，维系了高速的科技发展。

根据 2004 年芝加哥大都市区分县的抽样调查数据，芝加哥地区的制造业平均就业比例为 14%，其中芝加哥市区只占 12.89%，距离芝加哥市区最近的三个县（Cook 县、Will 县、DuPage 县）也低于平均水平。但是，距离芝加哥市区较远的北边的 Lake 县、西北边的 McHenry 县以及西郊的 Kane 县，制造业就业比例都高出平均水平。其中，制造业就业比重最高的 Lake 县是全美人均收入第二的县（第一是弗吉尼亚州的 Fairfax 县）。Lake 县是美国 500 强中的两大医药公司 Abbott Lab 和 Baxter 的所在地，代表着制造业中发展最快的部门，职工大部分是高收入的工程师和科学家，这说明在美国制造业就业的工人是比较富有的中产阶级。

在最近的欧债危机中，德国没有受到太大冲击，就是因为制造业的支撑作用，目前全球市场有 800 多个门类的产品，其中德国具有优质竞争力的产品占 1/3。所以，2013 年年初德国经济部门表示坚决把制造业稳住，以制造业的需求进一步提高服务业水平。在德国，非常重视制造业，一名毕业不久的大学白领的平均年薪在 3 万欧元左右，而德国蓝领技术工人的平均年薪是 3.5 万欧元左右，高级技工在德国往往会成为企业竞相追逐的人才。目前，美国、英国、德国、日本等先进国家的中产阶级比例在 80% 以上，中产阶级中在制造业就业的技术工人和蓝领工人比例在 45% 左右，制造业在促进社会稳定中的作用重大。

在中国，相对而言工业对产业工人的要求不是太高、需求量较大，所以发展工业更可以催生大批的中产阶级。大量统计资料表明，一个国家或地区的中产阶级比例越高，社会就越成熟，越稳定（中国大部分制造业工人还没有达到中产阶级标准，所以国内工业企业人员的收入水平有待整体提高）。

而且，工业经济增加了城市市民收入，提高了消费和储蓄，促进了城市的经济和社会繁荣。特别是每当出现经济风波时，最能解决就业问题的是中小企业。所以，发展工业经济是中国各城市实现城市富裕、社会稳定的重要保障。

3.2 工业经济主导城市空间拓展的原因

世界城市化的实践经验表明，虽然经济基础、政治制度、地域条件、历史文化等有差异，但是城市化的驱动力基本上都是工业化和工业经济的发展。工业布局会促进要素向城市集聚，工业化直接导致生产发生变革或转移、社会分工不断深化、人口迅速增加，为城市化提供了主体。同时，工业化影响着城市产业结构的升级，影响生产的聚集和生产规模的扩大，促使新城镇不断产生、小城市迅速演变成为大城市，城市不断地聚集扩散、扩散聚集，城市空间发生大规模和结构性的变化。工业用地的需求规模和空间布局，是城市规划研究和编制的关键性内容，是城市生产力布局的核心内容，与城镇布局、人口布局密切相关，影响着城市总体空间布局结构和空间形态。

3.2.1 工业用地需求影响城市发展规模

如前所述，工业是城市最重要的职能，工业用地在城市建设用地中的比例，直接影响城市的发展规模及空间布局结构。

国家标准《城市用地分类与规划建设用地标准》（GB 50137—2011）第 4.2.1 条规定了居住用地、公共管理与公共服务用地、工业用地、交通设施用地和绿地五大类主要用地规划占城市建设用地的比例。其中，工业用地占城市建设用地比例为 15%~30%，仅次于居住用地（详见表 3-6），比上一版的国家标准《城市用地分类与规划建设用地标准》（GBJ 137—1990）提高了 5%。另外，与工业用地紧密相关、有时直接作为工业用地进行管理的是"物流仓储用地"，按照国家标准，该用地占城市用地比例一般是 4%~9%。所以，工业用地与仓储用地占城市建设总用地的比例达到 22%~35%，相当于占全部城市建设用地的 1/3 左右。

各类城市建设用地结构表 表 3-6

序号	编码	类别名称	占城市建设用地的比例（%）
1	R	居住用地	25.0~40.0
2	A	公共管理与公共服务用地	5.0~8.0
3	M	工业用地	15.0~30.0
4	S	交通设施用地	10.0~30.0
5	G	绿地	10.0~15.0

从武汉城市建设和发展看，工业用地占城市建设用地的比例一直在 20% 以上，目前已经超过 30%（详见表 3-7）。其中，武汉 GDP 在全国排名下降的 1985 年至 2000 年期间，工业用地比例在历史上是最低的，低于 25%。"十二五"开始，武汉市正式启动"工业倍增"计划，工业用地比例将会进一步提高，预计纯工业用地比例将达到城市总建设用地的 1/3 以上。从新增工业用地看，自"十一五"开始武汉每年新增建成工业用地在 10km² 以上，2011 年达到 13km²，工业用地供应已经超出城市建设用地总供应量的 50%，大大高于居住用地 32% 的比例。

武汉典型年份工业用地情况表 表 3-7

典型年份	1949 年	1959 年	1978 年	1985 年	1993 年	2000 年	2006 年	2012 年
城市建成区面积（hm²）	3040	10724	16455	18100	21100	29500	39384	52030
工业用地面积（hm²）	903	3581	4179	4216	5267	5829	10662	16540
工业用地占比（%）	29.7	33.4	25.4	23.3	25.0	19.8	27.1	31.8

由于城市建设用地中工业用地所占比例比较大，所以工业经济的用地需求将直接决定城市的发展规模。

同时，工业经济增长需要城市空间支持，必然拉动土地开发量。以武汉为例，从 1992 年至 2011 年间的 20 年，工业总产值增加了 24 倍，土地开发量也增加了 15 倍（详见表 3-8）。

武汉市工业产值与土地开发量关系 表 3-8

年份	国内生产总值增幅（%）	工业总产值增幅（%）	土地开发量（km²）
1992 年	22.83	18.27	2.45
1993 年	39.86	45.49	3.88
1994 年	35.98	28.51	2.63
1995 年	24.94	19.12	2.00

年份	国内生产总值增幅（%）	工业总产值增幅（%）	土地开发量（km²）
1996 年	28.87	14.61	3.27
1997 年	16.65	13.98	3.87
1998 年	9.82	6.47	3.43
1999 年	8.36	3.97	3.91
2000 年	11.16	11.33	2.17
2001 年	10.65	13.32	4.68
2002 年	9.91	9.81	7.16
2003 年	10.52	12.69	8.81
2004 年	16.03	20.45	17.18
2005 年	18.91	11.33	7.70
2006 年	15.75	18.23	12.58
2007 年	21.27	26.83	16.22
2008 年	26.04	55.89	16.86
2009 年	16.67	1.06	22.30
2010 年	20.47	10.87	28.45
2011 年	21.38	5.51	35.56

3.2.2 规模经济影响城市空间聚集度

根据卡利诺（Calino）对制造业的实证性研究，作为引导城市聚集的重要因素，地方性经济往往不如城市化经济重要，对工业整体而言，只有城市规模达到一定的程度才具有经济性。卡利诺在 1982 年的案例分析中提出，城市人口规模少于330 万人时，聚集的经济性将超过不经济性，当规模超出 330 万时，聚集的不经济性超过经济性。

工业用地的聚集是因为工业企业的分工合作而产生的。根据工业区位理论，工业企业在选择生产场所时，总是尽可能地降低生产成本，特别是交通成本。如果所有企业按照同一标准选择，那么他们就会集聚在成本最优的区位进行空间布局。同时，企业具有追求规模经济的愿望，企业之间便形成了合理的分工联合和合理的区域布局，共享科技创新成果，构建相互依存的产业链。

尤其是在现代化、规模化、标准化大生产的趋势下，企业之间的分工愈来愈细、合作愈来愈紧密，产业链就越来越长、越来越粗，工业企业分布呈现网络化、集群化的特征。

　　企业追求规模效应的特性和工业尽可能聚集的特征，从区域看，引导了区域工业企业向既定地区集中，产生了城市或者壮大了城市规模。从城市内部看，带来城市工业用地的相对集中布局，从而影响和决定了城市的用地聚集度（或紧密度）、城市的土地使用效率。同时，因为工业产业不断高级化，使工业用地越来越高效紧凑，城市建设用地也就更聚集。

　　从近 20 年全国城市工业用地占城市建设用地的比例可以看出（详见表 3-9），工业用地比例从 1981 年的 27.71% 降低到 2000 年的 22.04%。而工业增加值由 0.23 万亿元增加到 4.56 万亿元，占国民生产总值的比例从 46.1% 下降到 45.9%，基本保持稳定。

全国城市工业用地占城市建设用地比例　　　　　　　　　　　　表 3-9

年份	1981 年	1982 年	1983 年	1984 年	1985 年	1986 年	1987 年	1988 年	1989 年	1990 年
工业用地比例（%）	27.71	27.50	27.50	27.05	26.84	27.09	27.24	26.81	26.76	26.45
年份	1991 年	1992 年	1993 年	1994 年	1995 年	1996 年	1997 年	1998 年	1999 年	2000 年
工业用地比例（%）	25.13	24.95	24.48	23.94	23.58	23.39	23.14	22.43	22.29	22.04

3.2.3　工业用地分布影响城市空间结构

　　作为城市最重要的功能设施、最大的空间使用者，工业是城市形态、功能、空间结构的主导因素和组织者。工业分布对城市空间的影响有两方面：

　　一方面，工业用地对地理区位、用地规模、地形地貌、水电气等能源供应以及道路铁路等有其自身需求。工业企业的区位选择因素有三个，即自然资源条件、运输成本和集聚经济。例如，因为功能需要，工业用地布置要考虑与居住区、公共服务区的联系，有些要靠近产品的市场区、仓库货场区。因组织产业链的需要，工业用地应相对聚集，用地规模足够大，未来具有扩展空间。用地集中，既能形成规模经济，同时也能降低生产成本，减少对城市交通的压力。因工艺流程需要，工业用地应选址在地形地势平坦、地质条件符合要求、自然坡度适当的地区；部分工业企业还要考虑到原材料、工业成品的运输便捷，应布置在靠近铁路、公路、航空、水运的地区，或者靠近能源地、水电其他相互协作能源供给地，通过城市主次干道与铁路、高速公路、码头、机场等出入交通设施保持顺畅。

　　另一方面，某些工业企业对城市造成空气、水源、生态等污染，处理固体废物、噪声等三废，需要避开某些城市设施和功能区。例如，有污染的工业用地应避开城市中心区、居住生活区、教育设施、科研院所等，布置在城市下风位，与城市其他生活用地之间应开设防护绿带，并应留出防护绿化带。放射性、剧毒性、有爆炸危险性的工业企业要布置在远离城市的独立地段；工业用地不应过于分散，遍地开花，不要分割城市或大量布置在城市周边将城市包围，妨碍城市未来发展；工业用地还要避开生态保护区、风景旅游区、历史保护区、地下遗址区及军事区等，避免占用公路、铁路等交通资源和航道岸线资源；工业企业的选址还要考虑到对城市空气、城市水源的安全影响，以及噪声、固体废物等三废的处理。

总之，因为自然资源分布的非均衡性、减少运输成本、追求聚集经济，导致有些工业企业要占用城市资源（如交通、水、能源等），有些需要互相接近布置（如工厂与工人住宅区），有些避免靠近或同时存在（如住宅区与有污染工业），有些因成本问题而远离城市布置。在以上因素的影响下，工业企业用地布置对城市形成了地域分化和功能分区，决定了城市用地的空间布局结构。

另外，从城市工业产业动态变化的角度看，在自由竞争的条件下，城市土地利用受地租地价的调控，不同类型的工业产业接受地价的能力和对区位敏感度的差异，决定了城市工业产业类型和产业层次，以及在城市空间上的动态分布，所以通过"工业用地效率最大化和用地比较优势最大化"这一内在经济规律，城市工业产业结构调整会引致城市用地结构重组和城市外延扩张。城市产业的外迁，引致城镇郊区及周围地区的城市化、城市功能的地域调整、城镇体系的完善和城市空间形态的优化。

3.2.4 工业企业布置影响就业和人口分布

如前所述，在城市中，工业部门是创造就业的重要部门，尤其是劳动力密集型工业，能够带动大量劳动力迁移或聚居，劳动力又通过带眷系数，带来更多的人口转移，影响区域人口分布和城市人口布局。根据城市规划技术要求，城市未来的建设规模是根据人口规模来计算的，城市的功能结构和用地规划主要是根据人口分布来确定的。同时，人口迁移将直接带来居住用地的迁移和需求，所以产业布局不但影响城市人口分布结构，也影响了城市居住用地的布局，甚至导致城市用地的重构，当前各大城市居住郊区化倾向就是工业影响人口分布的最好例证。

周一星教授将西方发达国家经历的城市郊区化归纳为三次浪潮：即人口外迁、工业外迁、办公室外迁。本书认为中国的郊区化的顺序是：工业外迁—人口外迁—办公室外迁。工业迁移，带来就业岗位迁移，就业岗位迁移吸引了劳动力迁移，家属随劳动力迁移，人口迁移总量在劳动力迁移的基础上得到进一步放大。

根据 1995~2000 年武汉市迁入人口迁移原因的统计分析（详见表 3-10），市外迁入武汉的前三个原因分别是务工经商（55.64%）、随迁家属（16.37%）、学习培训（10.16%），前二者就达到了 72.01%。因此，可以说工业经济是城市人口集聚的主要动力。

1995~2000 年武汉市迁入人口迁移原因 表 3-10

迁移原因	务工经商	工作调动	分配录用	学习培训	拆迁搬家	婚姻迁入	随迁家属	投亲靠友	其他	合计
人数（人）	3165	153	36	578	130	198	931	242	255	5688
占比（%）	55.64	2.69	0.63	10.16	2.29	3.48	16.37	4.25	4.48	100

资料来源：武汉市公安局户籍人口统计资料。

而武汉人口向外围迁移扩散的原因则是多样化的。根据武汉市 2000 年人口普查 1% 的人口抽样样本，武汉城市圈内城际人口由武汉向外围迁移的人口有务工经商（29.73%）、其他（29.73%）、投亲靠友（21.62%）、工作调动（13.51%）、随迁家属（12.16%）等五个主要原因，显然人口区域扩散是以社会原因为主。

3.2.5 工业用地影响生产服务业布局

生产性服务业一般是指为保证工业生产过程的连续性、促进工业技术的进步、工业产业的升级以及提高工业的生产效率，而提供保障服务的服务性行业，包括：现代物流业、国际贸易业、信息服务业、金融保险业、现代会展业、中介服务业、科技服务业、商务服务业等。

虽然，在空间布局上生产性服务业与工业没有必然联系，不一定要与工业紧邻布置，但是因为生产性服务业是直接配套和服务制造业的，服务业提供的服务型产品必须依赖于供需双方面对面交易，所以生产性服务业必然要依附于工业企业和工业生产而存在，特别是仓储物流、科技服务、博览会展等，均贯穿于企业生产的上游、中游和下游各环节。所以，生产性服务业的用地选择要考虑到为工业企业便捷服务、互动发展。

而且，生产性服务业也表现出明显的集聚性，生产性服务业与制造业类似，都具有集聚经济的特征，生产性服务业更倾向于城市化经济，即城市规模增加，生产性服务业整体经营成本相应下降。因此，工业可以通过影响生产性服务业，间接影响城市的聚集扩散和空间布局。

3.2.6 工业区划影响基础设施布局和基本生态框架

基础设施是一个城市生存和壮大的前提和保证，是城市产生聚集效应的决定性因素，基础设施系统的技术状态、功能负荷将直接影响城市经济的增长速度与城市经济系统的运行效率。工业企业是基础设施的主要使用者，不仅包括常规的道路交通、给水排水、电力电信、消防环卫等，还包括管道运输、环境保护、微波电磁通道等，尤其是工业生产对基础设施的容量、功率、功能等有较高要求或特别要求。如对城市道路的路幅、抗压力，对供水的水质、水压，对电力的电压、功率等，不同于其他城市用地的需求。

因此，一旦工业用地、工业园区选址定点后，城市基础设施将单独配套，实施"特殊"供应，比如修建设施通廊、专门通道、专用线网、专用场站、码头岸线等，这些都影响到城市的规划布局。

另外，因为要防止和治理工业污染，在城市空间布局上，需要设置消防带、污染防护带、生态隔离带，这些防护性的生产要素奠定了城市生态框架。

3.3 对"去工业化"问题的评述

从上述可以看出工业经济发展对于社会进步、城市建设等具有非常重要的意义和作用，特别是对尚处于发展中的中国。最近十几年，在西方"去工业化"之风的影响下，国内也有轻视、弱化工业经济发展的倾向，弃本逐末，片面追求服务业。这些思潮应该得到纠正，工业经济地位应该得到充分肯定。

3.3.1 "去工业化"的由来

"去工业化"一词的公开使用是在"二战"之后，正是因为工业经济太过强大，轴心国聚集了对抗世界的实力。"二战"后，盟国为了削弱战败国，对战败国采取了"去工业化"的措施以剥夺战败国的工业力量，同时也为战胜国获得产业结构调整的机会。而真正关于"去工业化"的讨论开始于20世纪70年代晚期及80年代初期的英国和美国。其背景是，在当时的现代服务业的强劲增长和高科技的飞速发展的带动下，城市经济取得很大进步，有些权威人士对工业经济的发展前景产生悲观预测，同时在中国、印度等中低端产品低成本竞争压力下，世界各地特别是主导两次工业革命的英国、美国以及西班牙、法国、比利时等的一些大城市地区以及一些资源衰退的老工业基地，出现了"去工业化"思潮。各国研究把纺织服装、汽车制造、钢铁冶炼、造船业等传统性工业纳为夕阳产业，力主对这些产业进行压缩和调整，腾出资源用于发展高技术产业和服务业，希望借此挽救经济颓势。这几年，中国也有盲从西方发达国家的"逃离工业"的倾向，主张对工业发展采取置之不理、放任发展的态度，导致一些城市不注重工业基础而盲目追求发展服务业，青年人对当工程师和技术工人的热情也在不断下降。

全球性的"去工业化"思潮不是凭空而来的，其深层原因是：随着世界服务业的兴起和快速发展，工业产值在国民经济中所占的比重逐步下降，欧盟统计局的统计数据显示，欧盟主要国家的工业借鉴增加值占国内生产总值的比例已经普遍下降到低于30%的水平（越是发达国家其比例越低），其中制造业的增加值比重更是下降到20%以下，相应地服务业增加值的比例接近或者超出了70%，也就是说工业在国民经济中的地位和重要性在大幅下降。轻视工业经济的原因还有：一是制造业的劳动生产率不如服务产业；二是制造业对环境有污染，对资源和能源消耗大；三是制造业所创造的就业机会比服务业少。

在中国也是如此：一是工业比重下降。整个 20 世纪 90 年代本国正规制造业的比重从 42.1% 大幅度下降到 26.5%，外商及非正规制造业的比重分别上升了 10% 左右，给人的印象是国有企业、乡镇企业出现倒退。二是制造业增长并没有带动就业结构的转变。2000 年当我国人均 GDP 达到 1000 美元时，第二产业产值占 GDP 的 50.2%，高于钱纳里一般变动模式的 28.7%，但其就业人数只占 22.5%，仅高于钱纳里模式的 6.1%，二者相差 22.6 个百分点。三是中国制造业劳动生产率更低，仅相当于美国的 4.38%、日本的 4.37% 和德国的 5.56%（本来，发达国家的劳动生产率也在明显地下降。从 1966 年开始，美国的劳动生产率出现了明显的下降趋势。与 1929~1966 年相比，1966~1989 年美国的劳动生产率下降了 51%，与战后的 1948~1966 年相比，下降了 60% 多）。从制造业中间投入贡献系数看，1 个单位价值的中间投入在发达国家可以得到 1 个单位以上的新创造价值，而中国只能得到 0.56 个单位的新创造价值。四是心理上的问题，在中国往往认为制造业领域是体力劳动，看不起工人。认为制造业的就业人员品质低、劳动力素质差。制造业从城市中心区逐步转移到郊区，就想当然地认为工业将被城市所"遗弃"。加之 20 世纪 80 年代中期受到西方一些学者的言论，如托夫勒（Alvin Toffler）的《第三次浪潮》、贝尔（Daniel Bell）的《后工业化社会》、奈斯比特（John Naisbitt）的《大趋势》等书籍的影响，在中国上层和学者中也萌芽了"去工业化"想法。

3.3.2 对"去工业化"思潮的批评

2007 年开始席卷全球的金融危机、股市房市泡沫、服务业高失业率，已经给英国、美国等国家的"去工业化"带来沉痛教训。次贷危机爆发后，过度依赖于金融服务业、房地产业等的发达国家受到了沉重的打击，市场大幅萎缩，众多家庭濒于破产，而且爆发于虚拟经济的危机又重创了实体经济。以前被视为"就业蓄水池"的服务业受到重创，而规模偏小的工业也无法容纳这么大量的失业者，致使失业率急剧上升。

这次金融危机虽然个体有差异，但都是"去工业化"严重的国家。近 30 年来某些发达国家过分重视虚拟经济，轻视实体经济，这一错误做法直接导致世界经济与产业结构的整体失衡，制造业的比重下降与竞争力下降又导致这些国家的出口竞争力下降，国家的经济发展缺少重要的支撑，就业岗位出现不稳定。例如，整个欧洲从 1996~2007 年间，工业部门的就业人数从 20.9% 下降到 17.9%，这就意味着 10 年间欧洲的"去工业化"浪潮导致 280 万个就业岗位的消失。英国工业从业人员从 20 世纪 80 年代的 500 多万人下降到 21 世纪 10 年代初的不足 300 万人，经济结构严重失衡。由于重服务业、轻制造业，英国目前只有 12% 的大学生学习工科。美国以工科见长的普林斯顿大学在校工科生下降到 17%，而哈佛、耶鲁等高校的工科生比例更是低至 4.5%、2.9%，许多优秀学生热衷于到华尔街，在汇市、期市、股市里玩虚拟经济，做投机高手（华尔街交易员中工科出身的比例已经上升到 1/3）。

此次金融危机反过来使制造业的高就业、稳定性的优点得到充分肯定，促进了那些发达国家对虚拟经济与实体经济关系的深刻反思和重新审视，这也促使制造业的地位又一次获得重视，各国纷纷提出了"再工业化"。瑞典政府重新加大对工业的投入，2011 年工业领域总投资增加了 10%，2012 年又增加 7%。2013 年 2 月 14 日，美国总统奥巴马在其第二个任期的首次国情咨文中称，美国要增强未来在全球市场上的竞争力，恢复该国的制造业基础至关重要："我信任制造业，相信这个行业能让美国变得更加强大"，要想保持美国经济"基业长青"必须重振制造业，他提出由美国孕育全球下一次制造业革命。随后，奥巴马要求国会批准投入 10 亿美元建立一个由 15 家制造业协会组成的网络，把制造业公司、大学和社区大学联系起来，新建 3 个制造业创新中心。另外，奥巴马总统力主调整了税收政策，以鼓励企业家将制造业带回美国，通过"再工业化"推动美国经济结构调整，增加美国民众的就业机会和消费能力，缓解美国贸易不平衡的压力。其实，法国也认识到发展工业的重要性，法国学者在深入研究美国学者的观点后向密特朗政府呼吁，必须批判"夕阳产业"、"后工业化社会"的论调，认为强大的工业是确保法国就业、出口和高品质生活的关键所在。

中国各城市总体上还是坚定了对发展制造业的决心。例如，传统的旅游城市杭州，提出由旅游服务为主的"西湖时代"走向以工业制造为主的"钱塘江时代"。中国服务业最发达的上海，转向支持和推进造船、钢铁制造、石化等工业发展。对外贸易发达的广州，提出由中心区发展服务业的"沿江战略"转向发展重型工业的"南沙战略"。武汉决定启动"工业倍增计划"，提出工业产值五年翻倍。争取到"北方经济中心"地位的天津，正在全力打造滨海新区，发展先进制造业。取得工业飞速发展的昆山，依然坚持打造沿沪工业带。说明工业发展对各国、各城市而言，依然重要。

中国不能走西方国家"去工业化"的道路，原因：一是中国总体上尚处于工业化中期，发展不够，而且全国各地工业经济发展水平极不均衡，区域差距大。二是中国经济总量还非常低，还需要多层次、全方位发展经济，不能厚此薄彼、有所偏废，一、二、三产业并存的局面还将长期存在。三是经济发展不能弃本逐末，工业经济是本，服务业是末，没有物质生产何来商业服务。四是发展制造业对扩大居民就业、提高收入水平、维护社会稳定和谐有积极作用，尤其是对解决中国大批低技能的职工和大量进城务工的农民工就业有很好的作用。五是工业化是我国"四化同步"重要组成部分，中国可以借助工业化，推进城镇化、现代化和信息化。

所以本书认为，我国经济发展面临的不是"去工业化"的问题，而是在工业化后期怎么推进"再工业化"的问题，让工业成为国家崛起、社会稳定、人民富裕、实力强大、可持续发展的源动力。

3.3.3 应对"去工业化"的建议

为了推进工业化持续、健康发展，建议以下几点：

一是及早推进制造业的转型和升级，加快产业结构调整和经济发展方式转变，特别是支持那些对制造业转型升级有促进作用的新能源、新材料、信息、通信、环境保护等基础性产业进行技术创新。

二是促进制造业的自主创新，提高制造业的科技含量，创造条件促使工业企业、高等院校、科研机构的融合、联合发展，促使科技与工业联动，让科学技术及时转化为生产力。

三是加大对制造业的基础环节进行投入，如对信息、通信、生物技术、清洁能源、环境、气候、医疗的投入，积极发展生产性服务业，为制造业的发展做好配套和服务，加速低端制造业向高端制造业的转型。

四是结合城市空间结构的中期调整，优化整合工业用地和工业园区布局，使之更易形成产业板块、产业集群，提高工业运行效率。特别是要继续支持对中国传统老工业基地的改造，发展绿色制造业。

五是加大对出口制造业的支持，加大出口补贴，减免赋税，扶持出口制造业的发展，壮大制造业的综合实力。

4

工业经济推动空间拓展的机制分析与实证研究

如上所述，工业经济增长对城市发展和空间拓展具有重要影响。在定性推论工业经济增长与城市空间拓展关系的基础上，需要定量研究其经济增长和空间拓展的规律和特征。同时选择国外典型城市案例，实证研究其相互关系。

4.1 工业经济增长与城市空间拓展的特征

4.1.1 工业经济增长的阶段性特征

1. 工业经济增长呈现阶段性的螺旋上升

根据经济学理论，经济的增长依靠各种生产要素的投入及其组合和作用。从生产要素配置的角度分析，经济增长有两种方式：一种是依靠增加投入和扩大规模，强调增长速度。一种是依靠提高效率，强调增长质量。因为二者交互主导或者综合作用，影响经济增长方式，在不同的时间段，从低级到高级依次出现不同的作用内因，分别是：要素驱动、投资驱动、创新驱动、财富驱动，各因素对经济增长的影响效果不尽相同，使经济增长呈现阶段性特征。

从西方发达国家看，经济增长经历了四个阶段：第一阶段主要是指1770年以前的经济"起飞"前阶段，该阶段主要是依靠对自然资源的开发和利用，凭借廉价的劳动力、土地、矿产等基本生产要素投入为主。第二阶段是从18世纪后期到19世纪后期，该阶段主要是依靠资本积累，动力来自于大规模的投资及生产，重工业部门成为主导产业。第三阶段是1870~1970年，该阶段主要是依靠技术进步、技术创新以及提高劳动生产率，其主导产业是知识密集型产业以及与服务业一体化发展的制造业。第四阶段是1970年以后，该阶段主要是依靠信息化发展，充分利用信息技术改造国民经济。发达国家经济增长的阶段性可以从美国股市走势看出（详见图4-1），美国200年股市走势呈现明显的波段性上升。另外，从1870~1913年"世界工厂"的分布也可以看出工业经济周期变化的特点（详见表

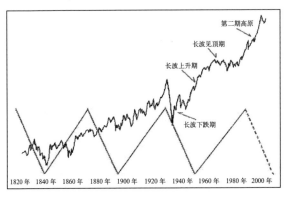

图 4-1　美国股市近 200 年走势及周期

1870~1913 年世界工厂的分布比例　　　　　　　　　　表 4-1

国家、地区 ＼ 年代	1870 年	1881~1885 年	1896~1900 年	1906~1910 年	1913 年
英国	32	27	20	15	14
法国	10	9	7	6	6
德国	13	14	17	16	16
俄国	4	3	5	5	6
比利时	3	3	2	2	2
意大利	2	2	3	3	3
斯堪的纳维亚	1	1	1	1	—
美国	23	29	30	35	36
加拿大	1	1	1	2	2
日本	1	1	1		—
上述国家合计	90	90	87	85	85
世界总计	99	101	100	99	100

资料来源：宋则行，樊亢主编.世界经济史 [M]. 北京：经济科学出版社，1998。

4-1)，最明显的是英国与美国之间此消彼长的对比。

新中国成立后的近 60 年经济增长也存在阶段性波动特点：新中国成立后到 1965 年，战后经济恢复，尤其是国家决定学习苏联经济建设的经验和做法，实施"五年计划"，加大了工业经济的投资力度，经济发展呈现快速增长态势。1965~1978 年，由于政治动荡和自然因素，人力、物力、资源被人为地遣散、分割，经济发展非常缓慢，甚至出现下降。1978~1995 年，受对外开放、体制改革和发展市场经济的推动，经济出现快速发展。1995 年至今，随着技术革命的推进、改革开放的深化、产业结构的转变，经济出现又一轮大发展。

董直庆、王林辉利用状态空间模型研究对我国的经济发展进行研究，验证了在不同阶段，经济增长的影响要素也呈现阶段性变化（详见表 4-2）。

我国增长要素对经济增长的贡献份额　　　　　　　　　表 4-2

年 份	GDP增长率	资本增长率	劳动增长率	TFP增长率	资本投入贡献份额	劳动投入贡献份额	TFP贡献份额
1952~2005 年	7.91	10.07	2.12	2.56	53.06	16.67	27.76
1978~2005 年	9.66	12.32	1.87	3.82	60.84	12.71	26.45
1952~1977 年	5.03	6.36	2.51	0.48	40.24	23.19	29.91
1978~1991 年	9.27	9.77	2.70	3.20	49.20	19.57	31.24

年 份	GDP 增长率	资本 增长率	劳动 增长率	TFP 增长率	资本投入 贡献份额	劳动投入 贡献份额	TFP 贡献份额
1992~2005 年	10.05	14.87	1.05	4.93	72.49	5.86	21.66
六五	10.78	8.61	3.32	4.51	33.54	21.15	45.30
七五	7.92	10.46	2.54	0.31	67.04	21.47	11.49
八五	12.00	12.37	1.00	7.65	46.14	4.86	49.01
九五	8.44	16.74	1.15	2.32	92.03	7.37	0.60
十五	9.54	14.91	1.02	5.36	76.03	5.59	18.37

资料来源:董直庆,王林辉.分类要素贡献和中国经济增长根源的对比检验[J].经济科学,2007(6)。

工业经济作为国民经济的主要部分,其增长也同样呈现阶段性特征,每个阶段都有不同的特点。德国经济学家霍夫曼(W.G.Hoffman)提出的"工业化经验法则",将工业化分为四个发展阶段:第一个发展阶段,消费品制造业占据优势;第二个发展阶段,资本品制造业迅速发展,消费品制造业的优势逐步下降;第三个发展阶段,资本品制造业继续快速增长,消费品制造业与资本品制造业达到基本平衡;第四个发展阶段,资本品制造业占据主要地位,基本上实现了工业化。

2. 工业经济阶段性增长的判断指标

工业经济增长的阶段性一般用以下指标进行判断:

(1)人均GDP。经济发展水平方面,选择人均国内生产总值(即GDP)作为基本指标。人均GDP是反映一个国家或地区经济发展水平的主要指标,人均GDP与工业化水平有着直接的联系,一般而言工业化水平越高,人均GDP就越高。钱纳里等人就是通过人均GDP指标来划分工业化阶段的。

(2)三次产业比。产业结构方面,选择一、二、三产业的产值比为基本指标。根据库兹涅茨等经济学家的研究结果,在工业化发展的起始点,第一产业的比例必然较高,而第二产业的比例相对较低;随着工业化的加快发展,第二产业的比例将渐渐超出第一产业、第三产业的比例,第二产业就处于相对优势的地位;第一产业的比例降低到20%以下、第二产业的比例高于第三产业的比例时,工业化发展进入中期阶段;第一产业的比例降低到10%、第二产业的比例上升到最高的时候,工业化发展进入了后期阶段;随后第二产业的比例开始转为相对稳定或者有所下降,第三产业的比例超过第二产业的比例时,工业发展进入了后工业化阶段。

(3)第一产业就业比。就业结构方面,选择第一产业就业比作为基本指标。度量经济结构演变和工业发展阶段的另外一个重要指标是劳动力就业结构(即劳动力在三次产业中的就业比例）。按照配第—克拉克定理的相关内容：随着人均收入的提高，劳动力就业首先由第一产业向第二产业转移；当人均收入再提高时，劳动力就业会由第二产业向第三产业转移。根据这些，将三次产业就业结构变化划分为五个阶段：第一阶段是 80.5∶9.6∶9.9；第二阶段为 63.3∶17.0∶19.7；第三阶段为 6.1∶26.8∶27.1；第四阶段为 31.4∶36.0∶32.6；第五阶段为 17.0∶45.6∶37.4。

（4）轻重工业产值比。工业内部结构方面，由于霍夫曼比值中的生产资料与消费资料的数据不易获得，因此现有文献中常运用轻重工业产值之比来近似计算霍夫曼比值。

（5）城市化水平。空间结构方面，选择人口城市化率为基本指标。钱纳里等经济学家认为，城市化与工业化是相伴而生、共同发展的。城市化水平一般是指非农业人口占区域总人口的比例。因为城市化水平能够比较准确地反映工业化在发展过程中的各种发展资源，如资本、人口等的集中度，因此城市化水平是检验某个地区工业化发展水平的重要指标。一般而言，工业化初期，城市化水平一般处于 10%~30% 之间；而工业化中期，城市化水平一般处于 30%~70% 之间；工业化高级阶段，城市化水平介于 70%~80% 之间；后工业化时期，城市化水平将在 80%以上。

（6）工业化率。工业结构方面，选择制造业产值的增加值占全部生产部门产值的增加值的比例作为基本指标。大多数经济学家都比较认同，用工业化率即工业增加值占全部生产总值的比重，将工业化发展进程分为四个阶段：小于 20% 为前工业化时期，20%~40% 为工业化初期，40%~50% 为工业化中期，50%~60% 为工业化后期，高于 60% 为后工业化时期。

4.1.2　城市空间拓展的跳跃式特点

城市空间是城市发展的载体，是城市社会经济发展的平台，人是城市空间的直接占用者，是左右和决定城市空间发展的主体。所以，城市空间拓展往往以人口的增长和转移作为研究和衡量的标准。人生活在城市中，就必定占有一定的城市空间和土地以及其他城市资源，城市的用地规模、各种建筑、市政设施、生产规模和消费规模等都与城市人口规模密切相关。人口的迁移代表着建设用地、工业产业、居住就业、基础设施、生态环境等的变化，人口对城市规模的影响主要在两个方面：一是新增人口带来的城市规模扩张。城市强大的集聚效应吸引了大量的非城市人口进入城市，或者城市既有的人口自然增长，相应地城市必须为新增人口提供应有的就业和生活空间，城市规模就会增长。当然，在不同的城市化阶段，人口增长有所区别，甚至人口会出现大量向郊区转移，带来逆城市化现象（详见表 4-3）。二是城市既有人口的需求增长，带来城市规模扩张。因为城市居民对居住条件、环境质量、道路交通、基本设施和公共服务的需求增加，城市必须作相应的配备和提升，导致相应的城市用地增加，引起城市规模扩大。

科拉森的城市发展阶段模式 表 4-3

主要指标	人口增加数的差异			
发展阶段	城区	郊区	整个都市区	城市发展阶段
1	+	−	+	城市化
2	+ +	+	+ + +	
3	+	+ +	+ + +	郊区化
4	−	+ +	+	
5	−	+	± 0	停滞期
6	− −	+	−	逆城市化
7	− −	−	−	
8	− −	− −	− − −	再城市化
9	−	− −	−	
10	+	−	+	城市化

注：+、+ +、+ + +表示人口增加、大幅度增加，−、− −、− − −表示人口减少、大幅度减少。
资料来源：李国平等. 首都圈结构、分工与营建战略 [M]. 北京：中国城市出版社，2004。

工业化是城市化的核心动力。对工业产业发展而言，随着工业发展（尤其是新兴产业的发展）或城市产业结构的调整，大城市与其城乡结合部在产业发展方向上会有所侧重，一部分工业企业就地发展，用地面积不断扩大，带动城市建设用地的随之扩张；另一部分企业，尤其是传统的工业企业，在土地效益和级差地租的影响下，会考虑到土地使用成本而逐步向郊区转移和扩散，引发人口迁移；还有部分新增产业，直接在郊区和城市外围选址建设，在外围创造了新的就业机会，人口的迁移会直接影响城市用地发展方向和规模变化。

建立在工业经济推动下的人口增长的交替变化，加之社会文化、交通环境要素，以及自然地理环境、财政投入、交通设施、基础设施、政策法规、城乡规划等因素的影响，会导致城市空间呈现波浪式变动，跳跃式拓展（详见表 4-4）。其中，工业经济是核心动力，自然地理环境是城市空间发展的基础条件或门槛，财政投入是促进力，交通设施是导向，政策法规与规划是调控阀。在上述因素的共同作用下，城市空间基本会经历"点状发展－触角生成－轴间填充－触角再生"等演变阶段（详见图 4-2）。

城市发展阶段空间要素变化分析

表4-4

一	阶段	第一阶段	第二阶段	第三阶段	第四阶段
一	时期	早期（城市工业化阶段）	扩张期（城市工业化成熟阶段）	中期（城市现代化阶段）	成熟期（城市国际化阶段）
经济结构	三产比重	<20%	20%~50%	>52%	70%~80%
	人均GDP	<3000美元	>3000美元	10000~12000美元	>25000美元
城市化	城市化水平	<30%	30%~60%	>60%	85%~95%以上
城市人口	人口密度分布比较	中心城区>近郊区>远郊区	中心城区>近郊区>远郊区	中心城区>近郊区>远郊区	中心城区>近郊区>远郊区
	人口增幅分区比较	中心城区>近郊区>远郊区	中心城区>近郊区>远郊区	近郊区>中心城区>远郊区	远郊区>近郊区>中心城区
	城市发展趋势	城市处于集聚的趋势	城市处于集聚的趋势	城市处于离散的趋势	城市处于离散的趋势
空间结构	功能结构	单中心	单中心	多中心	多心、多核
	城市形态	集中式同心圆形态	集中式，城市形态呈现环形放射状、星状、带状和环状	分散组团型	多中心网络状
	拓展方式	城市自然向外蔓延	依托潜在的高经济性对外交通向外拓展	城市周围建设若干卫星城镇、新城或工业区来分散产业和人口	距离城市较远处建立较大规模、生产服务设施完备、快速便捷交通的现代化新城
	发展阶段	以单中心为特点的中小城市发展阶段	以单中心为特点的大城市发展阶段	以多中心（核心）为特点的大都市区（圈）发展阶段	以多个大都市区相联结组合为特点的大都市带发展阶段
	布局特点	集中设置生活设施，用地紧凑，方便高效，但易相互干扰和混杂	灵活布局，分散产业和人口，构建城市可持续发展和生态性发展结构，实现城市高效运转		
交通方式	一	公共交通以常规公交为主，道路建设不足，配套设施不全	私人汽车开始进入家庭，城市中心区交通矛盾日益增大。城市轨道交通建设进入起步阶段，高速路开始建设	城市主要交通轴向远郊区伸展，形成高速道路。城市轨道交通快速发展，已形成一定规模，城市道路网络相当完善	具有较发达的以轨道交通为主体的公共交通体系以及完善的高速道路系统和较先进的交通管理系统。城市交通呈立体网络状

资料来源：胡晓玲.制造业布局与武汉城市空间变迁[M].武汉：武汉出版社，2007。

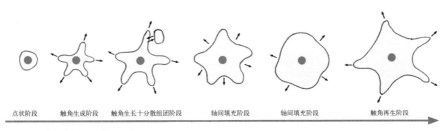

点状阶段　　触角生成阶段　　触角生长十分散组团阶段　　轴间填充阶段　　轴间填充阶段　　触角再生阶段

图4-2　城市空间形态演变示意图

4.1.3 工业增长对空间拓展的作用机制

正因为工业产业是城市发展的源动力,是城市空间拓展的决定性因素,工业发展的阶段性特征也会通过传导作用影响城市空间拓展。当工业经济发展到一定程度,在内部成本上升的压力下,其要素、产品和技术必然向城市周边或其他地区扩散,通过产业结构、经济结构的转换、升级,以及自身规模扩张、工业企业空间转移等途径,促进和影响城市用地的逐步外推。经济发展速度决定了城市空间扩展速度,工业经济周期性变化决定了城市空间扩展模式的周期性更替。

鉴于工业化固有的阶段性发展特点,在各个发展阶段其主导工业产业类型不仅相同,而且不断更迭,呈现从低级向高级发展的态势。从西方工业化国家经验看,正是工业产业从低级向高级的更迭,推动着城市化的发展模式不断转变、发展速度呈现周期性变化,使城市化与工业化发展阶段吻合,工业与空间同步发展、同步转移。在城市经济发展中,主导工业产业基本上都会经过"轻纺食品工业(劳动密集型)—重化工业(资本密集型)—装备制造工业(技术密集型)"等发展阶段,与此对应,城市化则会依次出现"缓慢发展—加速发展—平衡发展"的过程。工业化与城市化均呈现"S"形演进趋势(详见图4-3)。

在经济发展前期(即经济起步期),工业产业以劳动密集型的纺织服装、食品加工、日用产品等轻工业制造为主,宾馆餐饮、商业贸易、货物运输等传统服务业也将随之发展,人口城市化增长比较缓慢,区域城市化率缓慢上升、向30%靠近;在经济发展中期(即经济扩张期),工业产业以资本密集型的煤炭、石油、电力等资源能源工业和钢铁、化学、机械、汽车等重化工业为主,为生产生活配套的第

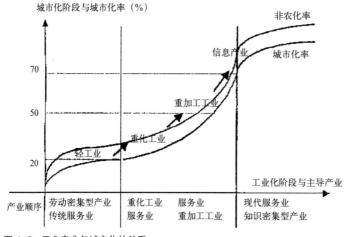

图4-3 工业产业与城市化的关系

资料来源:景普秋,陈甬军.中国工业化与城市化进程中农村劳动力转移机制研究 [J].东南学术,2004(4)。

三产业发展开始加速，对城市建设用地的需求剧增，城市规模加速扩大，城市化率以较快的速度向 70% 靠近；在经济发展后期，工业产业以技术密集型的电气设备、航空工业、精密机械、核能工业等产业为主，此时金融保险、房地产、生产性服务业等逐步兴起和发展，使服务业对劳动力的吸纳超过第二产业，工业用地相对萎缩，城市土地集约度得以提高，地价出现上涨，导致建设用地的需求总量减少；进入经济成熟期，知识密集型产业，如信息产业、电子工业、新材料工业以及生物工程、海洋工程和航天工程等工业产业，对劳动技能要求的提高，而需求数量的减少，第二产业的劳动力向第三产业转移，服务业功能得到强化，建设用地内部结构出现调整和优化，城市建设用地的总规模基本趋于稳定。

　　城市的各发展时期，工业化与城市化的关系呈现不同特点，城市产业结构和城市用地结构也有不同形式的演进（详见表 4–5）。根据相关测算，在工业化中期（即 19 世纪 20 年代至 20 世纪 50 年代），发达国家的工业化和城市化的相关系数高达 +0.997。典型国家的工业化与城市化的相关系数：英格兰和威尔士 1841~1931 年是 +0.985，法国 1806~1946 年是 +0.970；瑞典 1870~1940 年是 +0.976，均为紧密正相关。

各城市发展阶段工业结构与城市结构变化关系 表 4–5

发展阶段	起步期	成长期	成熟期
工业化与城市化的关系	工业化推动城市化	工业化、城市化互动发展	城市化质量提升
城市规模与形态	较小，点状	迅速扩大，带状或面状结构	规模与环境容量平衡，网状
城市化率	20% 以下	20%~70% 之间	70 % 以上
城市化率年均增长	0.1%~0.3%	早期发达国家（如美国）：0.3%~0.7%；后期发达国家（如日本）：0.8%~1.2%	0.1%~0.2%
工业就业年增长率（或制造业年均增长率）	0.4% 及以上	以城市化率 50 % 左右为界，之前工业就业与城市人口同比例增长；之后工业就业增长率下降，二者差距拉大	0.1% 及以下
服务业就业年增长率	低于 0.4%	以城市化率 50 % 左右为界，之前服务业就业增长低于城市人口增长；之后服务业就业增长高于城市人口增长	现代服务业增长较快
工业化阶段标志性	轻工业	重化工工业、重加工工业	信息产业
主导产业	劳动密集型产业	资本密集型产业、技术密集型产业	知识密集产业
用地布局与用地结构	用地布局失衡，结构简单	用地布局趋向平稳，结构趋向合理	用地布局集约紧凑，结构优良

资料来源：鲁春阳，杨庆媛等 . 城市用地结构与产业结构关联的实证研究 [J]. 城市发展研究，2010（1）。

最后，用陈乐民、周弘的《欧洲文明扩张史》中的一段论述来小结城市化与工业化的关系：城市化是社会经济发展的必然结果，是社会进步的表现。城市化与工业化互为因果而螺旋式上升的关系，已为工业革命以来的世界历史发展所证实。

4.2　工业经济推动城市空间拓展的实证研究

4.2.1　国外特大城市实证

1. 巴黎

工业革命爆发后，巴黎成为法国最集中、最重要的工业区之一，到第二次世界大战前巴黎地区的工业就业人口占全国的22%，冶金业、食品工业、化学工业、服装和奢侈品生产等均集中布局在市区。二战后，由于工业和人口的高度集中，巴黎地区地价大幅上涨，达到中等城市的10~15倍，造成工业生产成本的上升，城市环境也受到严重污染，地区间经济发展不平衡不断扩大。

为此，法国政府于1960年提出了《巴黎地区区域开发与空间组织计划》,实施"工业分散"政策，对巴黎地区的工业布局进行调整，除生产时尚、易变产品的工业部门和手工业，如时装、衣服、室内装饰等留在市区外，采取自然淘汰、强制外迁等方式，迫使传统的资本、劳动密集型工业部门如汽车制造业、食品加工业、印刷出版业、电力和电子工业等工业企业向周边地区扩散。为吸引和容纳这些工业企业，1965年和1976年编制和调整了《大巴黎地区城市规划和地区整治战略规划》,在郊区塞纳河谷东西轴线上规划布局了5个新城，扩建了8个旧城，以容纳市区外迁产业和人口（详见图4-4）。

图4-4　巴黎工业新城布局示意图

资料来源：刘健.巴黎地区区域规划研究 [J].北京规划建设,2002。

这些城市并不独立于巴黎之外，距离巴黎仅 25~30km，与市区互为补充、设施共享。而且，巴黎新城比其他国家新城大，人口规模达到 20 万 ~30 万人，有利于形成完善的文化生活和公共服务设施。新城还充分利用了河谷大自然的美好风光，营造了优美的生活环境。目前，埃夫里（Evry）新城已成为巴黎经济技术中心，赛尔克（Serqueux）新城则拥有雷诺汽车、标致汽车、汤姆逊电气等一批知名企业。

在这些工业新城的推动下，整个巴黎地区形成沿塞纳河两岸东西发展的带状城市，而且工业在远郊区进一步专业化，如西部郊区的汽车工业，南部的航空、电子工业，东北的基础化学、制药工业等。

2. 芝加哥

芝加哥是美国制造业中心，目前有产业工人 63.15 万人，占全市就业人口的 19.7%，年产值 590 亿美元，占美国制造业的 21.6%。芝加哥制造业主要包括食品加工业、印刷业、钢铁冶炼、机械工业、化学工业、汽车制造和交通器材等产业。世界 500 强企业中芝加哥拥有的 33 家，其中 14 家是制造业公司，包括波音、福特、摩托罗拉、卡夫特、卡特皮尔、美钢联等。

芝加哥位于美国中部地区密西根湖西岸，早期工业主要得益于中部地区丰富的农产品以及贯通全美的东西铁路、联系五大湖至东海岸的芝加哥运河，大力发展食品加工业、钢铁、印刷等产业，并布置在芝加哥河两侧和城市中心区。19 世纪中期，机械、电器等轻型工业得到发展，工业开始跳出环线向外围转移，沿区域性的铁路、公路以及沿湖布局。19 世纪后期，由于芝加哥大火后的重建和通向郊区的地铁、高速公路以及港口建设，中心区的工业企业尤其是重工业利用机会开始外迁，形成依托交通和港口布置的工业走廊、工业区，如卡鲁米重化工区、普鲁印刷工业区、芝加哥河工业走廊等，人口也由 1850 年的 3 万人激增到 1900 年的 170 万人，城市空间布局得到重构。

20 世纪 60 年代之后，由于全球经济衰退、能源危机和美国工业结构的转型，重工业的重要性越来越下降，工业就业岗位大量减少。为了保留和复兴制造业，芝加哥颁布了企业区划法，划出 6 个老工业区块，称为企业区划，在其中实施复兴工业的计划。为保证工业留守和后续投资，市政府又提出了《地方工业保留计划》，规划出 24 个工业走廊，并在交通、能源、融资、税务等各方面为走廊内的工业提供便利。1980 年开始，芝加哥又在芝加哥河沿岸陆续建立了 6 个制造业园区。这些都加速了工业和人口郊区化，并在外围地区聚集形成专业性的产业园区和综合性的城镇密集带。

目前，芝加哥沿高速公路、轨道交通等复合"交通走廊"，形成了西、北、南等 2 个区域性的工业走廊和 1 片传统工业区（详见图 4-5）。北部工业走廊依托 90 号高速公路延伸，以发展精密机械、食品工业为主。西部工业走廊沿 88 号高速公

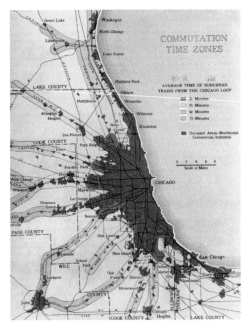

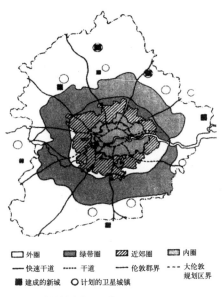

图 4-5　芝加哥工业走廊示意图
资料来源：伊利诺伊州东北部规划委。

图 4-6　伦敦新城布局示意图
资料来源：1944 年大伦敦规划。

路延伸，以发展高科技为主。南部工业区在 90 号公路边沿湖一线到盖里（Gary），以发展钢铁、重化工为主。工业区、工业城镇、工业走廊等与城市中心区通过便捷的公路、铁路等快速交通联系，使得大芝加哥地区城镇空间呈现指状放射型拓展，形成高效有序的空间形态和功能结构。

3. 伦敦

经过第一次工业革命，英国建立起以工业与城市为主体的经济体制，人口、工业资源向城市转移，推动了城市化进程。作为世界工业化的中心，工业革命完成后，伦敦工业企业和工人数迅猛增加，城市规模迅速扩大，到 1900 年伦敦人口达到 200 万人，由此产生了人口膨胀、住房拥挤、环境恶化、工业用地缺乏等问题。为解决这些问题，英国提出建设田园城市、卫星城的设想。1903 年，英国在伦敦以北 56km 处的郊区开始建设世界上第一个田园城莱奇沃斯。1920 年在离伦敦 35km 处开始建设第二个田园城威尔温。这些卫星城主要是解决人口居住问题，相当于伦敦的独立居住区，没有达到疏散人口的目的，工业企业仍然布置在伦敦市区。

于是，英国在 1943 年制定了伦敦群规划，1944 年制定了大伦敦规划（详见图 4-6）。规划将伦敦 48km 半径范围划为 4 个圈层，即城市内环圈、近郊圈、绿化圈、外环圈，在外环圈规划建设一系列 6 万~8 万人口规模的卫星城，计划容纳从内环圈疏散的 100 万人口和工业企业。到 20 世纪 50 年代末，建设了 8 座卫星城，第二代卫星城的建设目标是既能生活又能工作、内部平衡和独立自足，因此引进了工厂企业，并避免工业单一化，创造工作岗位。但是效果仍然不明显，伦敦市郊所谓"内伦敦"地区的 12 个新城共吸纳了 50 万人，但是只有 5% 的人口来自伦敦中心区，对疏散中心区人口的作用并不明显。

20 世纪 60 年代，为了修正第二代卫星城的不足，英国政府编制了大伦敦发展规划，计划在更大的范围内解决城市经济产业、人口居住、区域均衡发展问题。政府采取以工业就业引导新城建设的方式，在伦敦远郊 50km 左右处的所谓"外伦敦"地区规划建设了 20 个第三代卫星城。卫星城最大限度地吸引工业企业，实现就业和居住的相互配套、就地平衡，具有非常大的独立性，而且第三代卫星城的功能与中心城是互补的，从而也使自身得到发展。第三代新城的另一个特点就是预留了大量产业用地，这为工业经济发展和工业企业入驻，以及促成城市产业结构转变和可持续发展提供了有力的空间保障。

例如，伦敦西北的密尔顿·凯恩斯新城，距离伦敦 70km，在世界著名的大学城牛津和剑桥之间，是典型的第三代卫星城。中央政府承担新城开发成本的 49%（包括购买开发用地），地方投资 21%，其余 30% 由私人投资。目前，整个凯恩斯新城人口达到 24 万人，总建成区面积为 89km²。凯恩斯新城成为英国在伦敦以外的经济重镇，被誉为"企业家之城"，拥有 12 万个就业岗位、500 家外企公司，吸引了超过 10000 多宗投资，未来计划容纳 7.1 万个家庭。凯恩斯新城在一定程度上也促进了中心城的经济发展，支撑了伦敦空间拓展。

2000 年以来，为强化伦敦世界城市的地位，明确伦敦都市圈与地方规划圈的发展关系，组织编制了大伦敦战略规划，将城市划分为三类不同的地区，制定不同的发展策略，希望通过经济、人口增长来推进环境质量提升，发展紧凑城市，实施非均衡发展。

所以，从伦敦工业与城市互动发展看，先是通过新城建设实现跳跃式空间扩张，再从空间上引导人口、产业和就业的疏解，然后通过法律手段限定城市规模。

4. 东京

从"二战"后的 20 世纪 50 年代开始，由于钢铁冶炼、造船业、机械制造、化学工业和电子工业等产业迅速发展，东京聚集了大量的制造企业，人口开始大量集中，对城市住房供应、交通设施、生态环境、资源能源等造成较大困难。

为此，东京政府在 1958 年编制了第一轮《首都圈基本规划》，并于 1959 年实施《首都圈工业限制法》，在首都圈都市区内，原则上限制新增工业项目，限制建筑面积 1000m² 以上的工厂和大学。并且仿效大伦敦规划，规定从东京都中心向外延伸 100~120km，划分为建成区、近郊地带、城镇开发区等三个圈层。在距离东京城市中心 16km 左右处，环形设置了宽 5~11km 的绿化控制带，阻截城市的无限蔓延。同时，东京还实施了打造副中心战略，将新宿、涩谷、池袋等地段建设成为综合性副中心，在生态绿带的外围设立城市发展区，在距东京市中心 25~60km 靠近铁路或高速公路的郊区，建设 13 座卫星城，以容纳外迁工业和人口，促使大批劳动力密集型企业和东京原有的一些重化工业相继迁往郊区。但是由于人口及就业增长过快（从 1950 年的 1305 万人增加到 1970 年的 2411 万人），绿化带和新城建设没有达到预期目的。

政府分别于 1968、1976、1986 年修订完成第二、三、四轮《首都圈基本规划》，依然强调向周边地区疏散工业和大型公司，继续建设副中心，改变城市机能过度集中的单极结构，形成多个核心和圈城的多核多圈型的地区结构，拓展城市发展空间，新城功能朝着配套齐全的方向发展，增强独立性，以减轻对东京中心区的依赖。政府又分别于 1972、1973 年颁布了《首都圈工业再配置促进法》、《首都圈工厂立地法》，对从工业集聚度高的地区向外围地区转移或者对新建的工厂发放补贴，规定占地面积 9000m^2 以上的中大工厂要合理限制规模。

鉴于外围地区各城市的快速发展，1999 年修订第五轮《首都圈基本规划》，将"东京大都市圈"更名为"东京都市圈"，在东京城市群布局上形成一个相互关联、相互依赖的空间结构，组成网络化城市群结构（详见图 4-7），扩大城市的容纳能力，提高城市的联合影响力。在基础设施建设和税收财政政策上向城市副中心、新城倾斜，支持中小型企业的发展，促进都市区的人口向这些区域转移，避免人口和功能的过度集中。目前，东京圈 GDP 超过日本全国的 1/3，成为全国的政治、工业、文化、金融、商业中心，被比喻为"纽约 + 华盛顿 + 硅谷 + 底特律"等融合的、集多种功能于一体的综合性城市圈。

目前，都市圈内的各城市分工明确、相互合作，例如：多摩地区成为东京都市圈的高科技产业、研究开发机构以及商业、高等教育的聚集地区；琦玉成是政府机构、生活居住、商务贸易等职能的集聚地区，相当于日本的副都；新宿已俨然成为以商务办公、文化娱乐为主的东京第一副中心；而处于东京郊区的卫星城

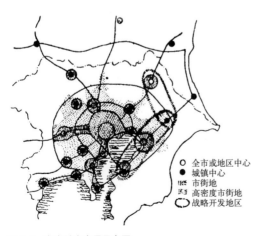

图 4-7　东京城市布局示意图
资料来源：郑静 . 论城市空间发展策略与广州"双城三极"空间策略 [J]. 规划师 ,1999（4）。

○ 全市或地区中心
● 城镇中心
市街地
高密度市街地
战略开发地区

以多摩地区的八王子、町田和立川为中心，主要承担居住功能；东京外围地区以川崎、横滨、千叶、筑波等为8个邻县中心，均以工业和科技研发为主。

4.2.2 国内特大中心城市实证

1. 北京

北京目前虽然提出以发展服务业为主，但历史上非常注重工业发展，很长时间内确定以工业化推动城市化发展。北京工业化与城市化的互动主要经历了三个阶段，即大型企业推进阶段、工业园发展阶段、一区多园带动阶段。

第一阶段，从新中国成立后到改革开放前，中心区工业外迁促进近郊城市发展。这一阶段北京工业企业基本上属于国有企业，规模较大，其选址对城市空间布局的影响也很大。根据中央提出的"变消费性城市为生产性城市"的要求，北京对全市国有工业企业进行了大布局、大调整。规划将中心城区企业大力外迁，围绕近郊8片和10个边缘集团有计划地进行了工业区布局，规划建设了西郊石景山钢铁电力工业区、西南丰台桥梁机车制造工业区、东郊通惠河两岸棉纺织工业区和机械制造工业区、东北郊酒仙桥电子工业区、东南郊化学工业区、北郊毛纺工业区和电信器材工业区等。由于国有企业大量布局，近郊城市化快速推进，极大地促进了北京近郊地区的空间拓展。

第二阶段，改革开放后到20世纪末，工业集聚推动了外围新城的发展。1982年版的《北京城市总体规划》提出重点建设燕化、通县（今通州区）、黄村、昌平等4个卫星城。1984年，颁布了《北京市加快卫星城建设的几项暂行规定》，1993年版的《北京城市总体规划》进一步明确了建设14个卫星城的格局。同时，市政府制定了"退二进三"的产业导向政策，推进四环路内工业企业改造外迁，引导相关企业向园区集中，各类科技园、开发区和工业园区建设全面启动，不但成为中心城区工业资源存量调整的迁入地，而且是新增工业资源的聚集地。从1984年到1995年，北京中心城区工业企业数、工业从业人员数比例由23.9%、20.46%下降到5.52%、12.9%，而都市边缘区企业数比例由34.1%上升到59.46%。这时，城市建设开始呈现"摊大饼"的发展态势，沿放射线轴向拓展明显，主要沿西北的八达岭高速公路，东部的京通快速路、京哈高速公路，南部的京开高速公路、京石高速公路；东南的京津塘高速公路、东北的机场高速公路沿线也有发展。重点工业园区逐渐开始向功能综合化的新城发展，进一步丰富了近郊的城市功能，成为辐射带动区域空间发展的龙头。

第三阶段，21世纪开始，高科技园区引领城市空间优化。国务院1999年批复将中关村在15年建设成为世界一流的科技园区，并作出了8条支持决定。2004年，北京开始对各类开发园区进行清理整顿，开发区个数由480个减少到28个。

随后，2005 年北京市启动了首都钢铁公司搬迁，标志北京工业布局开始重新调整。2009 年国务院又批准中关村为国家自主创新区。北京市以此为契机，对全市工业产业进行空间优化和布局调整，加快了污染企业的外迁，重点围绕中关村科技园区，吸引高新技术产业聚集，发挥高新技术的规模经济效应，促成科研与生产、科研机构与企业之间的融合发展，空间布局上推进构建"一区十园多基地"、打造七大特色产业的发展战略，包括海淀园、丰台园、昌平园、电子城、亦庄园、德胜园、石景山园、雍和园、大兴生物医药产业基地、通州园以及若干特色产业集聚的专业园、产业基地和大学科技园。全市规划的 500km² 产业用地，80% 的用地纳入中关村示范区内。

后来又结合北京市行政区划调整，统筹优化了海淀、昌平等两区资源，形成 1000km² 的北部高新技术产业带，整合大兴、亦庄、房山等平原地区资源，形成 1988km² 的南部现代制造业新区，不但使北京现有的工业产业得到转型和提升，中心城区空间得到优化，而且在工业的带动下城市开始向外围地区延伸。

2. 上海

上海一直是我国主要的工业基地。因为上海市发展起源于黄浦江，所以最早的工业用地也沿着黄浦江、苏州河布局，并逐步兴起。1926 年编制的《上海地区发展规划》在城市中心区的边缘规划了沪西、沪东、沪南三个工业基地，是上海最早的集中工业区。随着城市扩大，工业企业被围困在市区，不但工业用地局促，交通不便，限制了自身发展，而且与居住混杂，对居民生活环境影响很大，特别是占用了城市中心区的黄金地段，影响了服务业的布局和发展。

为此，新中国成立后到改革开放前，上海引入"有机疏散"的规划理念，提出建设近郊工业备用地，开辟卫星城。按照卫星城规划思想和把上海建设为"工业门类齐全城市"的目标，将上海的工业用地从近郊推向距离中心城区 30km 左右的中远郊，提出了建设闵行、吴泾、松江、嘉定、安亭等 5 个卫星城和吴淞、彭浦、漕河泾、闵桥、高桥、周家渡等 15 个近郊工业基地。20 世纪 70 年代，金山石化、宝山钢铁在金山卫、吴淞的选址建设，促成了上海南北两翼的工业发展格局。这些卫星城和工业基地的布局建设，推进了上海郊区的空间发展，确立了滨江沿海的产业与城镇空间发展结构。

改革开放后，国务院先后批准闵行经济开发区、漕河泾新型技术开发区，随后实施浦东开发开放，上海工业用地迎来大规模扩张。首先是中心城区工业加快调整，整个 20 世纪 90 年代全市工业系统在内环线内有 700 多家工厂和 900 多个生产点从中心城区迁，腾退工业用地 4km²，使工业用地减少到 18km²，减少工业从业人员 36.35 万人，减少幅度为 58.42%。同时，在外围建设了金桥、张江等国家级工业区和 9 个郊县工业园区。到 1997 年，上海全市形成 7 个国家级工业区、

11 个市级工业区、12 个传统工业基地和 170 多个工业园区，全市工业园用地达到 400km²。

2000 年上海市提出加快完善"东西南北中，三环五条龙"的工业布局，即东部浦东电子信息基地、西部上海汽车生产基地、南部上海化工区、北部精品钢材基地、中心城区为都市工业园区。进一步优化"三环"工业布局，推进"1 + 3 + 9"的工业区建设，实现内环线以内地区以发展都市型工业为主，在内环线与外环线之间以发展都市型工业、高科技产业及其配套工业为主，在外环线以外地区以发展装备制造业和基础性原材料工业为主，中心区工业用地控制在 70km² 以内。

由此，产业用地开始在外围地区大幅度增加，到 2006 年年底全市工业园区用地发展到了 937km²（其中，国家级开发区为 673km²），平均每个工业园区用地为 20km²，相当于一个中等规模的城市。大规模的工业区发展带来上海城市空间拓展和外围新城建设。2006 年《上海市国民经济和社会发展十一五规划纲要》提出，上海市构建新的"城乡规划体系"，简称"1966"（即 1 个中心城、9 个新城、60 个左右的新市镇和 600 个中心村），构建了上海城市群空间结构。

3. 天津

天津在历史上一直是北京的"卫城"，洋务运动后从煤炭开掘、面粉加工开始，到造船、冶炼铸铁和机器制造等，天津民族资本的近代工业体系逐步建立。一战爆发后，国人提倡国货，为天津的民族资本和民族工业发展带来契机，各地大批的军阀官僚、民族资本聚集天津，天津工业取得快速发展。到 20 世纪 30 年代，整个天津市拥有工业企业 1200 余家，就业人员高达 20 余万，基本形成了纺织服装、化工、食品加工、印刷、造纸、机器制造等比较完整的工业体系。因为京杭大运河对天津的形成与发展起着重要支撑作用，所以天津早期的工业企业大多集中在南北运河两岸，特别是集中在连接南北运河、有"天津发祥地"之称的三岔河口一带。

新中国成立初期到"一五"时期，国家支持工业大发展，大量小型工厂、工业作坊纷纷选址新建或利用旧有厂房改建，在郑庄子、东南郊、土城以及北站外等地区形成新的工业区。随后，天津根据各个工业区的发展状况以及性质，进行了空间布局调整与改造，逐步形成了新开河、西营门、铁东、程林庄、白庙、陈塘庄、东南郊、北仓、西站西、天拖、北站外等共计 11 个工业区，以及津坝公路、京津公路、植物园、张兴庄、鸿顺里、革新道、增产道、靶档村等共计 29 个工业作坊。还借鉴了国外规划建设经验，提出适度地分散工业，减轻中心城市的压力，建立近郊工业性卫星城，规划了杨柳青、军粮城、咸水沽等 8 个卫星城以及其他近郊工业区，奠定了天津中心城区工业用地布局的基础。

从 20 世纪 80 年代初改革开放开始，天津成为中国 14 个沿海开放城市之一，在发展中开始注意港城一体化，1984 年天津开发区成立并在塘沽区兴建，工业发展的重心开始东移。特别是 1986 年国务院批复的《天津市城市总体规划》明确工业布局的重心由市区向滨海新区转移。这一时期，除了大港石化城有些发展，另外还规划建设了天津经济开发区、海河下游工业区等，新建企业和市内搬迁企业开始逐步向天津东部地区转移，城市空间也随着工业布局向东转移，滨海新区开发开始启动。

20 世纪 90 年代以后，天津保税区于 1991 年在天津港北侧建立，促成了天津开发区外向经济的快速发展。1992 年天津市决定在外环线以外的塘沽、汉沽、大港、东丽、津南、西青等各区县新建工业小区。因为工业企业发展迅速，城市空间布局结构发生变化。在杨柳青、军粮城、咸水沽等工业城镇的基础上，新建了大寺、双街、新立、双港、小淀等 5 个外围工业园区。此外，一批高新技术产业园区逐渐规划建设起来，同时开发区西区、临港工业区、空港物流加工区也得到了较快发展。

2006 年 3 月，国务院明确天津发展定位为"国际港口城市"、"北方经济中心"和"生态城市"，并将"推进滨海新区开发开放"纳入国家"十一五"发展战略，设立国家综合配套改革试验区。天津滨海新区成为全国唯一聚集了港口、国家级开发区、保税区、海洋高新技术开发区、出口加工区、区港联动运作区和大型工业基地的地区，被赋予拉动京津冀、环渤海、辐射三北、面向东北亚的重任。按照我国北方对外开放的门户、高水平的现代制造业和研发转化基地、北方国际航运中心和国际物流中心的目标，天津滨海新区规划了先进制造业产业区、滨海高新技术产业区、临港工业区、中心商务商业区、海港物流区、临空产业、海滨休闲旅游区、中新天津生态城以及南港工业区等 9 大功能区。滨海新区的开发建设带动天津城市空间向东转移，向沿海转移。

4. 重庆

重庆市位于长江上游和成渝平原东缘，因为长江、嘉陵江交汇市区，因此贸易发达，刺激了近代工业发展。

抗战时期，重庆作为中国临时首都，吸引了大批工业，在中央政府的督促下，1937 年 12 月中国内迁工厂到达重庆，到 1944 年年底共有工业企业 1518 家，约占全国工厂数的 30%，拥有工人 8.9 万人，占全国的 25%。内迁企业主要分布在主城区及近郊区，由原来的两江汇合处延展到两江重庆段的上下游地区，为新中国成立后的重庆工业用地布局奠定了基本格局。1945 年，国民政府迁回南京，大量的工业企业也随之迁出，重庆两江沿岸地区产生了许多工业空白点。

新中国成立初期，国家修建了三万铁路和成渝铁路，为重庆的工业产业的空间布局调整提供了有益条件。"一五"和"二五"时期，重庆新建和扩建 100 多个工业项目，扩大了重庆两江沿岸的工业企业的基础和规模，同时在中梁山、石门、南坪、小龙坎、石坪桥、化龙桥、双碑、井口等地也兴建了一些工业点，重庆的工业发展和空间布局不再局限于两江岸边，而是开始向内陆地区发展。

在"三线建设"时期，中央政府为加强战备，决定优先发展重工业和国防工业，明确提出在中国"西南和西北地区建立一个比较完整的工业体系"，地处中国西部的重庆成为中国"三线建设"的核心地区。1964年12月编制了《重庆地区"三线建设"规划》，在该规划中以重庆为中心迁建和兴建工业项目超出200个，形成冶金、机械、化工、纺织、食品等五大支柱产业，重庆地区的工业发展和空间布局开始向长江重庆段的下游地区以及嘉陵江重庆段的上游地区拓展，并且深入到山区，还形成了沙坪坝土湾和南岸弹子石的纺织印染、小龙坎—上桥的机器制造等工业聚集地区。但由于当时为计划经济体制，又是备战情况下，工业布局呈现"山、散、洞"的特征。

改革开放后，1983年国务院批准《重庆市城市总体规划》。该规划明确城市发展方向是突破两江屏障，向北、向南拓展，构建"多中心、组团式"的城市空间结构。为此，重庆加快了工业布局调整，对29户"三线"企业实行撤、停、转、迁，将郊县16家企业迁入市区，以此为基础形成鱼洞地区机械工业和特种汽车生产基地、南坪地区微电子工业基地、大石坝地区电气仪表工业基地、石桥铺地区高新技术产业基地等多个现代工业片区，工业布局逐渐向主城区聚集。

1991年和1993年，重庆高新开发区和重庆经济开发区两个国家级开发区成立，促进了重庆工业企业的集聚和工业布局的变迁。其中，重庆高新开发区包括位于九龙坡区的石桥铺高科技开发园、二郎科技新城、北部新区高新园，成为重庆工业企业集聚发展的重要地区。重庆经济开发区位于南岸区的南坪，与成渝高速公路、渝黔高速公路相连，集中布局了美国福特、德国麦德龙、瑞典爱立信、日本本田等20多家世界500强企业，形成了较为合理的产业功能分区，包括信息产业工业区、丹桂工业区、回龙工业区、综合贸易区等。

1997年3月，重庆被中央批准直辖，同时三峡工程建设启动、西部大开发战略实施，重庆工业经济发展进入新阶段。国务院于1998年批准新的《重庆市城市总体规划》，明确规定重庆是我国重要的工业城市、西南地区和长江上游最大的经济中心城市，重庆工业布局重新开始了优化整合，2001年将重庆高新开发区新区、重庆出口加工区、重庆经济开发区新区等国家级开发园区组建为"重庆江北新区"。自2002年开始，重庆启动了内环线以内的企业搬迁工作，包括重钢、长安、嘉陵等近百户企业陆续搬离主城。2007年国务院批准《重庆城乡总体规划》，明确了"一城五片，十六组团"的城市空间结构，规划了9个工业和制造业组团，引导重庆工业布局向外围疏散。

从重庆100多年的工业用地布局发展看，工业经济推动了城市空间呈现"点—线—分散—集中—扩散"的扩展过程。

5. 广州

新中国成立前，广州的轻纺工业和手工业较为发达，其中日用小五金、小百货等享有"广货"美誉。1949年，全市有3300多家工业企业，职工6.4万人。工业企业主要布置在城市中心区，呈分散分布。计划经济时期，工业企业主要是国有企业，新建和扩建了广州造船厂、广东拖拉机厂、汽车厂、广州造纸厂、广州石油化工厂和第三、第四棉纺厂等，同时在从化吕田、上罗沙，花县（今花都区）百步梯、赤坭，英德犀牛等地建立了一批"小三线"企业，在郊区进行布置，还相应地建设了工人新村等居住区，形成相对独立、职住平衡的"企业办社会"式工业组团。

改革开放后，广州市被列入计划单列城市和沿海开放城市，开展了对"小三线"企业以及耗能大、任务不足、长期亏损的企业的调整。同时，为了支持轻工业，扩大日用消费品生产，从重工业中调整15个企业转产轻工产品，重工业本身也调整了产品结构和服务方向，基本形成了以轻纺工业为主的产业结构。1984年广州开发区成立，随着工业企业的外迁和新增工业的入驻，广州城市用地空间由中心城区向东近域扩散。

20世纪90年代，国家形成全方位、多层次、广领域的对外开放格局，广州的产业结构开始调整。随着政府对外交通基础设施投资建设的加大，在城市空间上出现了由老八区沿交通干线向边缘区呈轴向式蔓延扩张，工业用地跳跃式向南部和北部卫星城拓展的格局。

2000年后，随着工业重型化战略的实施，以石化、汽车为代表的重型工业发展较快，与以往的出口加工业错位发展，产业结构加速调整。特别是2003年广东省明确广州为"带动全省、辐射华南、影响东南亚的现代化大都市"，对全省产业基地、重大项目作出规划引导和布局调整，促进汽车、钢铁等重大生产力骨干项目和南沙开发，引导珠三角产业向东西两翼和山区转移。2004年2月，全市重工业产值首超轻工业，工业化进程步入以重化产业为先导的新经济时期。

同时，在行政区划调整后，2006年广州市提出了"东进、南拓、西联、北优"的发展战略，开始"十字轴"空间拓展。其中，南拓轴是做强南部（即南沙战略）：沿沙湾水道以南的南沙地区，包括黄阁、万顷沙、南沙龙穴岛、新垦地区，开发南沙地区，作为广州未来重点发展的重要工业基地；东进轴就是做大东部：包括黄埔、经济开发区、永和和新塘等地区，依托现有的工业基础扩大产业规模，建设广州东部工业板块。在此基础上建设四大工业组团，工业逐步向外围分布，形成城市外围发展的新一轮动力，城市空间结构开始进入从单中心到多中心发展的转折期。

4.2.3 国内大中城市实证

1. 杭州

杭州是传统的旅游城市，城市建设一直是围绕旅游资源比较丰富的西湖展开，并且对旧城实施严格保护，所以中心区工业用地规模不大，主要是零星分散的工业点，到 1980 年市区工业用地为 13.4km²。改革开放后，杭州开始致力于城市工业用地优化、调整。

20 世纪 80 年代初，基于优化城市景观、保护旅游环境以及改变杭州工业企业小而全的状况，启动了对风景旅游区工业用地的搬迁、市区工业点和工业企业的集并。除了适当保留部分专业性较强的厂点外，还将城区分散厂点归并到专业生产中心或协作点，对一些污染严重的工厂改变生产方向或撤并到市郊和周围小城镇。这轮工业用地治理和调整的对象主要是坐落在风景区的污染企业，市区的污染企业虽然也列入改造计划，但力度不强，大部分是采取原址改造，少量就近搬迁，明确市区范围内不再安排大中型新建工业项目。到 1996 年全市工业用地增加到 21.9km²，主城区工业用地下降了 1.2km²，用地比例由 26.9% 下降到 24.4%。虽然 20 世纪 80 年代的工业改造对城市空间布局的影响并不大，但还是形成了半山重工业机械工业区、祥符桥—小河轻化工工业区、拱宸桥纺织工业区、古荡—留下电子仪表工业区等几个工业区组团，城市空间开始向近郊拓展。

20 世纪 90 年代以后，杭州的工业调整出现了新的背景：一是城市土地开始引入市场机制，土地级差影响空间布局。二是我国实施土地有偿使用，土地利用结构调整。三是作为全国土地利用评估试点城市，杭州对土地实行分等定级管理。四是杭州土地价格飙升，居全国前列。五是杭州外围地区相继批准建设若干经济开发区。受此影响，杭州开始组织真正意义上的工业企业搬迁改造，市区工业企业，尤其是那些影响市容环境和居民生活的污染企业、濒临破产或效益不佳的企业也倾向于向地价相对低廉、用地空间较为宽裕的城郊地带迁移，这样既可以聚集布局形成专业协作关系和产业链、产业集群，也可以扩大工业企业的用地规模，利于进行新生产工艺和流水线提升。经过外迁，2000 年杭州中心区工业用地只剩0.12km²。同时，新增工业企业向外围经济开发区集中布局，近郊的半山—石桥重工机械工业区、拱宸桥纺织工业区、小河轻化工工业区得以保留，调整望江门食品工业区，取消古荡—留下电子仪表工业区，该产业类型转移到滨江工业区和下沙工业城，同时增加九堡家电工业区，在全市形成了杭州经济开发区、杭州高新区和萧山经济开发区等 3 个国家级的开发区。近郊工业园区和国家级开发区的转移和拓展，推动城市空间总体向东、向南发展。

2001 年 3 月，国务院批准杭州扩大行政区划，纳入萧山、余杭两地，面积从

683km² 扩大到 3068km²。以此为契机，杭州市决定改变以传统西湖旅游为主打的经济发展模式，提出了从"西湖时代"迈向"钱塘江时代"的发展目标，制定了"城市东扩、旅游西进、沿江开发、跨江发展"战略，重视工业经济发展，计划以工业发展推进沿江新城建设，沿钱塘江规划了湘湖、之江、滨江、钱江、城东、钱江世纪、空港、下沙、江东、临江等"十大新城"，依托杭州经济开发区、萧山经济开发区等 2 个开发区以及江东、临江、临平、钱江等 4 个工业园区，建设新城杭州东部先进制造业基地，打造城西科技创新区、下沙科技创新区、滨江科技创新区，对接环杭州湾产业带。

2. 东莞

东莞历史上是典型的农业地区，随着改革开放的实施，东莞抓住世界产业转移的机遇，各乡镇、各村充分发挥市场潜力，以"三来一补"（即来样加工、来料加工、来件装配以及补偿贸易）加工贸易的形式，建立了以三资企业为主的全市工业经济体系，城镇化水平随着工业化发展迅速提升。

东莞工业化对城市化的影响可以划分为三个阶段：

1978 年年末，东莞各乡镇村按照市场规律，充分利用既有的影院、仓库、办公场所以及"三堂"（即食堂、祠堂和礼堂）承接来料加工。但其工业化没有发展方向和建设重点，也缺乏规划引导，村镇工业"遍地开花"、散点式布局。因此，在工业的起步发展阶段，由农村工业化带动形成的城镇空间，用地空间布局散乱，工业用地与行政用地、居住用地相互混杂，工业化只是整体推动了城镇化，对城镇空间布局没有引导性，城镇呈现散乱布局、各自无序蔓延的态势，基础设施配套普遍不足。

自1988年东莞被设为地级市，东莞市的工业化进入了快速发展阶段。由于国道、省道、城镇主干道两侧的用地开发、设施配套、物流成本较低，成为城镇率先开发的地区。由于工业沿路布局，带来生产配套和生活配套也沿路展开，形成了沿公路的带形发展态势。特别是东莞行政建制为地级市，没有县级编制，直接下辖 4 个街道、28 个镇。扁平化的行政建制的确提高了行政效率、减轻了财政负担、调动了各镇区积极性，但由于各镇区自身条件存在差异，受制于行政区划，工业发展出现各自为政的局面，之间难以形成优势互补、相互辐射的关系，工业产业规划重叠、工业与居住混杂、功能配套不齐全、基础设施重复建设、资源配置不合理，城镇呈现散碎状、粗放型快速发展态势。

1998~2008 年，由于工业发展的强劲推动，东莞的城市化率从30%迅速上升到70%。这时，政府开始意识到有必要对城市的经济产业结构、城市空间结构进行调整和优化。在各镇区总体规划完成后的十多年，东莞市才于 2006 年修编完成东莞市城镇体系规划。依据规划，东莞市强化了园区凝聚，推进工业用地的连片集聚，引导企业向工业园区集中。全市依托松山湖科技园、东莞生态园、虎门港等三大产业园区，优化城市空间结构，带动和辐射周边城镇。其中，松山湖产业园是东莞市高科技产业区，虎门港是港口物流经济区，东莞生态园是生态环境修复示范区。至此，在工业产业布局的主导下，奠定了东莞城镇空间结构格局。

3. 昆山

昆山地处江南，是典型的"鱼米之乡"，历来以农业经济为主，新中国成立前的工业几乎是一片空白。新中国成立初期到改革开放前，尽管工业生产得到了一定的发展，但工业基础仍十分薄弱，全县仅有化工、化肥、通用机械、农机和油脂、粮食加工等十多家县属企业。

改革开放后，昆山创造性地自费建设工业开发区，充分利用紧靠上海的地理条件，通过大力发展横向联合，工业迅速崛起。1982 年，第二产业占 GDP 比重首次超过第一产业，昆山进入工业化时期。随着改革开放的不断深入，昆山抓住上海浦东开发机遇，提出与上海之间在交通通信、金融投资、项目开发等方面实现十大接轨，并且制定"依托上海、融入上海、服务上海"的发展思路，兴办了一大批规模性工业项目，迅速形成以开发区为龙头，带动乡镇工业小区的局面。同时，大力鼓励发展民营经济，呈现外资与民资两翼齐飞、双轮驱动的格局，工业经济成为全市国民经济的主体。

为了形成产业核心竞争力，20 世纪 90 年代开始，昆山选择和确定通信设备、计算机及其他电子设备制造业为主导产业，以此形成具有核心竞争力的产业结构。随着昆山招商引资和产业结构的变化，形成了以开发区、出口加工区为中心，专业园区、配套园区密集发展的格局，高新产业的比重超过一般工业。昆山开发区已成为电子信息、精密机械和高科技民生用品产业的集聚区。为了进一步发挥工业经济的发展动力，处理好经济发展与空间布局之间的关系，昆山通过规划引导，加快工业布局优化，将工业产业进一步往中心城区外围的东、南、北三个方向转移。其中，以开发区、花桥、千灯、张浦、玉山等地区为主体，促进加工制造业、高新技术产业集中，形成沿沪工业走廊，推动昆山与上海在工业产业与城市空间上的无缝对接。

4.3　工业增长与空间拓展回归实证分析

从以上国内外城市发展的实证可以看出，工业经济增长主导了城市空间拓展。以武汉的相关数据为例，用回归分析法，研究论证工业经济增长与城市空间拓展之间的关系。

4.3.1 武汉工业经济发展阶段划分

武汉地处"国中之国",其发展历来深受关注。因其扼长江、汉水等两江,殷商时期筑城,三国时期成为军事堡垒,明朝为全国"四大名镇"之首。晚清时期,张之洞督鄂,实施洋务运动,大力兴办重工业和轻工业,至19世纪末20世纪初,武汉的对外贸易额长期居全国第二,武汉的工厂数目和工业实力超过了天津和广州,仅次于上海,成为"驾乎津门,直追沪上"的名城,赢得了"东方芝加哥"的美誉。

新中国成立后,"一五"、"二五"时期中央在武汉安排建设了武钢、武重、武船、武锅等十几项国家骨干工程,改变了武汉市的经济结构,武汉逐渐由一个商业占比重很大的城市转变为重要的工业城市。武汉市的工业经济在这一时期发展迅速,在全国各大城市的工业总产值、工业净产值、工业固定资产原值与利税额排名中,武汉均居第四位,钢铁产量、造船业、纺织业均位居全国前列。工业对武汉的城市发展提供了强有力的支撑,武汉逐渐成为我国重要的综合型工业基地。

改革开放后,武汉先后成为全国综合改革试点城市、计划单列城市和沿江开放城市。特别是21世纪以来,武汉市抓住促进中部崛起、"两型社会"综合配套改革试验区、国家自主创新示范区等三项国家战略落户武汉的历史机遇,其工业经济迅速发展,经济总量每3~5年翻一番,工业总产值年均增长13.3%。2011年,全市完成工业总产值7390.66亿元,比改革初期增长104倍;完成工业增加值2458.75亿元,比改革初期增长约82倍(详见表4-6)。武汉已发展成为人口超过1000万、工业总产值达到7400亿元的超大城市。

武汉市典型年份工业经济与城市发展情况　　　　表4-6

年份	工业总产值 （亿元）	工业增加值 （亿元）	非农人口 （万人）	建成区面积 （km²）
1949 年	1.82	0.79	105.45	30.00
1950 年	3.82	1.01	121.87	33.00
1955 年	9.11	3.37	177.32	78.00
1960 年	38.01	12.65	239.41	112.00
1965 年	31.23	11.84	229.89	124.40
1970 年	49.02	15.24	225.43	137.00
1975 年	60.11	18.90	243.91	148.96
1980 年	101.00	34.53	280.98	171.87
1985 年	167.01	59.21	337.22	180.10

续表

年份	工业总产值 （亿元）	工业增加值 （亿元）	非农人口 （万人）	建成区面积 （km²）
1990 年	303.15	92.04	374.47	195.00
1995 年	883.58	294.67	406.68	200.00
2000 年	1422.37	533.31	441.14	295.00
2005 年	2674.41	1019.26	503.10	425.00
2010 年	7004.96	2532.82	541.28	493.00

注：建成区面积是依据城市规划概念的实测数。

自洋务运动开始的一百多年来，武汉的工业发展和城市建设主要分为五个历史阶段：即近代工商业发展时期、社会主义计划经济时期、对外开放开发时期、市场经济建设时期、中部崛起战略实施时期（详见表4-7）。

武汉城市建设及工业经济发展阶段划分表　　　　　　　　　　　　表 4-7

历史阶段	近代工商业 发展时期	社会主义计划经 济时期	对外开放 开发时期	市场经济 建设时期	中部崛起战略 实施时期
起止时间	1889~1949 年	1949~1978 年	1978~1992 年	1992~2004 年	2004 年至今
重要历史 事件	张之洞督鄂，实施洋务运动；三镇合一，成为中国战时首都	"一五"、"二五"，建设十几项国家重要工业项目	经济体制综合改革试点；国民经济计划单列；"两通起飞"战略	批准两大国家级开发区；对外开放城市	"中部崛起"；"两型社会"试验区；国家自主创新区；国家级吴家山经济技术开发区
工业发展 要素	对外贸易、长江水运、铁路	中部政治中心、综合交通	重工业基础、劳动力优势	腹地市场、综合交通、劳动力	交通、科技
工业经济 总量	工业总产值达到 1.8 亿元	工业总产值达到 70 亿元	工业总产值达到 400 亿元	工业总产值达到 2400 亿元	工业总产值达到 7400 亿元
主要工业 类型	农产品加工、原材料工业、消费品工业	重工业、资本品工业、消费品工业	消费品工业	钢铁制造、汽车制造	汽车工业、机电工业、高科技工业
城市人口 发展情况	非农人口 105 万人	非农人口 260 万人	非农人口 385 万人	非农人口 484 万人	非农人口 541 万人
城市建设 情况	建成区面积 33km²	建成区面积 164km²	建成区面积 207km²	建成区面积 393km²	建成区面积 520km²

4.3.2　各历史阶段工业发展重点

1. 近代工商业发展时期

近代，武汉是半殖民地半封建社会的经济结构，由帝国主义经济、封建主义经济、资本主义经济（包括民族资本主义和官僚资本主义）和小生产的农业经济、手工业者个体经济构成。封建传统和西方教育也造就了一批"洋务运动"领军人物，他们开始吸取经验，放眼世界，决心"师夷长技以制夷"，以"洋务新政"来挽救"大清"命运。

1889~1907 年，张之洞在湖北执政期间，大力推行"湖北新政"，发起"工业革命"，振兴实业、编练新军、举办文教、设立工厂、修建铁路等，期间一些民族工商业也得以兴起。张之洞主导兴建了湖北炼铁厂、湖北枪炮厂，开创了中国近代钢铁工业之先河，创设纱、麻、布、丝四局，修建了卢汉铁路、粤汉铁路，使武汉的工业得以快速发展，在全国造成影响，奠定了武汉近代工业的基础。经过 20 年的发展，武汉地区工厂数和工业实力均超过天津、广州，仅次于上海，武汉三镇一跃成为中国洋务运动的后期中心之一。到 19 世纪末 20 世纪初，武汉对外贸易额多年稳居全国第二，超过全国外贸总额的 10%。武汉自此兴起了一大批影响深远的工业企业，成为中国近现代工业的发源地。

2. 社会主义计划经济时期

1949 年 5 月，武汉解放。市政府提出把武汉由消费性城市变成生产性城市、由商业城市变成工业城市。同时，"一五"时期，为了改变全国生产力分布的不合理状况，中央提出在全国各地区适当地分布工业和生产力。在武汉，中央提出优先发展重工业，并以武汉为中心建立华中工业区，武汉工业发展（尤其是重工业）迎来了难得的历史机遇。武汉立即组织以苏联帮助中国设计的 156 个建设单位为中心、由限额以上 694 个建设单位组成的工业建设，仅在"一五"期间就有 8 项国家重点工程，如武钢、武锅、武重、武船等大型"武"字头企业落户武汉，为武汉长远工业发展奠定了坚实基础。

"一五"时期，国家在武汉投资达 15 亿元，用于工业的投资为 5.41 亿元。"二五"时期，国家对武汉的工业投资达 17.6 亿元，新建工业企业 32 家。武汉地区经济产值由 1949 年的 3.28 亿元增长到 1978 年的 39.91 亿元，年均增速 9%，高于全国复合增长率 6.4%。重工业比重由 1949 年的 3.6% 上升到 1978 年的 55.2%，钢产量占全国的 8%，居第 3 位，造船业居全国第 3 位，次于上海、大连，纺织业居全国第 2 位，次于上海，面纱产量居全国第 3 位，次于上海、天津。工业产值由 1949 年的 0.79 亿元增长到 1978 年的 25.24 亿元，年均增速 12.7%，高于全国增长率 9%，可以看出工业经济对总体经济发展提供了强有力的支撑。

工业化，也影响到城市化进程。新中国成立时武汉市非农业人口为 105 万，城市化率为 28%（同期全国平均为 10.6%），1960 年城市化水平上升到 53.4%。1961 年开始受国内国际政治经济影响，武汉城市化率稍有下降，到 1965 年回升到 50%，1969 年又下降到 45.8%，到"文革"前徘徊在 46%~47% 之间（同期全国平均为 19.7%)。

3. 对外开放开发时期

1978 年，党的十一届三中全会决定从经济领域到文化、社会各领域实施全面的改革开放战略。从 1978 年 12 月至 1984 年 5 月，国家同意在武汉进行经济体制综合改革试点，实行国民经济计划单列。1981 年，武汉市颁布了《关于发展集体经济和个体经济，广开就业门路试行规定》，鼓励发展个体经济，由此催生培育了后来闻名全国的汉正街小商品市场。1984 年 4 月，武汉市在经济发展上实施了"两通起飞"战略，希望以交通和商贸流通作为经济发展的战略重点。受此影响，武汉建设了全国闻名的江汉路商业街、扬子街、汉正街小商品市场，一大批枢纽性、功能性基础设施，尤其是汉口站、天河机场、武汉港、阳逻港等重大交通设施相继建成，在一定程度上提升了城市综合服务功能。

但是，战略重点的偏差也削弱了武汉应有的工业经济发展动能。相对其他城市，尤其是沿海城市，经济发展速度缓慢，政策效用没有发挥。武汉从改革开放之初的全国城市综合实力排名第 4 位，到 1990 年武汉市地方生产总值居全国 19 个副省级以上城市第 14 位。改革开放初期以前，武汉市在全国都有一定影响的纺织、服装、皮鞋、自行车、电视机、洗衣机、家用空调器（如荷花洗衣机、红山花电扇、莺歌电视、长江音响）等品牌逐渐被兼并消失。

武汉改革开放后工业地位下降的原因在于，武汉无缘于 1980 年 4 个城市试办经济特区和 1984 年沿海 14 个城市对外开放，造成了负面效应，各种资源尤其是人力资源、技术知识资源向沿海开放城市流失，国有企业、集体企业的市场占有率显著下降。

4. 市场经济建设时期

1991、1993 年武汉被批准设立国家级东湖新技术开发区、武汉经济技术开发区，1992 年武汉被确定为沿江对外开放城市。随后，武汉市积极实施全面的市场经济建设和"开放先导"发展战略，工业发展开始以集中的经济园区为主，包括以汽车工业为主的武汉经济开发区、高新技术为主的武汉东湖开发区等两个国家级开发区，以及吴家山台商投资区和阳逻开发区，建设了武钢"双七百万吨"技改项目、沌口 30 万辆轿车总装厂、武汉阳逻电厂、长飞光纤光缆厂等大型工业项目。2000 年后武汉在全球性产业转移的机遇和背景下，提出了重建制造业基地的目标，研究确立了工业布局空间上发展"五大板块"、工业门类上发展"十大产业"。经过几年努力，基本形成钢铁、汽车及机械装备、电子信息、石油化工等四大支柱产业，和环保、烟草及食品、纺织服装、家电、医药、造纸及印刷等六个优势产业，初步具备综合竞争优势，基本实现从老工业基地向先进制造业基地的转型和转轨。

这一阶段，武汉 GDP 的年均增长率达到 13% 以上，保持了平稳快速增长，到 2003 年全市完成工业总产值接近 2000 亿元，完成工业增加值 700 亿元。尽管如此，武汉的经济增长却开始明显落后于东部沿海城市。1992 年，武汉 GDP 在 19 个副省级城市排名中由第 13 位再下降到 2005 年的第 17 位。

5. 中部崛起战略实施时期

从东南沿海开放到西部大开发，再到振兴东北，中国走过了从非均衡发展到均衡发展的道路。2004 年 3 月，温家宝总理在政府工作报告中首次明确提出促进中部地区崛起；2007 年 12 月，国家发改委批准武汉城市圈为全国"两型社会"综合配套改革试验区；2009 年 12 月，国务院批准建设东湖国家自主创新示范区；2010 年 11 月，吴家山经济技术开发区升级为国家级经济技术开发区，武汉拥有三个国家级开发区。这些标志着武汉地区的发展已经上升到国家发展战略，以武汉为核心的中部地区，成为长三角、珠三角、环渤海等三大经济区之后的又一重点发展区域。

作为中部地区的龙头城市和武汉城市圈的核心城市，武汉积极推进了"两个中心、两个基地"建设，即全国重要的先进制造业中心、现代服务业中心和综合高新技术产业基地、综合交通枢纽基地，启动了武汉新区、武汉新港、"武汉·中国光谷"建设和都市工业改造。加快推进重大产业项目建设，东风本田、神龙汽车、东风乘用车、南车集团等重大项目投产，80 万吨乙烯兴建以及武锅和武重搬迁改造等重大项目加快推进。

这一时期，武汉工业经济取得了长足的发展，第二产业在 GDP 中所占的比重保持稳定，在国民经济发展中起着举足轻重的作用（详见表 4-8~ 表 4-10）。2011 年，武汉工业总产值达到 7400 亿元，实现工业增加值 2500 亿元，形成了汽车及零部件、装备制造、电子信息、钢铁及深加工、食品及烟草、能源及环保、石油化工、日用轻工、建材、生物医药、纺织服装等 11 个优势产业，其中前 6 大行业产值过 500 亿元。武汉市过百亿元企业 8 户，即武钢、神龙、石化、华中电网、武烟、东风本田、冠捷科技等。武汉开发区还成为我国中西部地区第一个"千亿元开发区"。

武汉市 2005~2011 年工业产值增长情况　　　　　　　　　表 4-8

项目＼年份	2005 年	2006 年	2007 年	2008 年	2009 年	2010 年	2011 年
工业总产值（亿元）	2674.41	3162.06	4010.30	6251.79	6317.94	7004.96	7390.66
工业增加值（亿元）	856.53	1000.74	1197.49	1515.65	1828.00	1941.33	2458.75

武汉市 2005~2011 年三次产业产值比重　　　　　　　　表 4-9

年份 产值比重	2005 年	2006 年	2007 年	2008 年	2009 年	2010 年	2011 年
第一产业占比（%）	4.8	4.3	4.0	3.5	3.2	3.1	3.1
第二产业占比（%）	45.4	45.0	44.9	45.4	46.4	45.5	45.9
第三产业占比（%）	49.8	50.7	51.1	51.1	50.4	51.4	51.0

武汉市 2005~2011 年规模以上工业总产值增长情况　　　　表 4-10

年份 行业	2005 年	2006 年	2007 年	2008 年	2009 年	2010 年	2011 年
汽车及零部件（%）	39.7	41.0	33.1	13.1	33.0	43.7	10.6
钢铁及深加工（%）	22.3	-2.2	26.2	38.7	-21.2	32.7	17.3
装备制造（%）	—	—	—	35.3	12.5	17.5	25.0
电子信息（%）	37.4	41.6	16.7	26.6	24.1	30.2	31.4
能源及环保（%）	34.2	20.0	11.2	8.1	6.8	19.3	22.6
石油化工（%）	24.7	12.3	3.8	15.3	0.3	29.5	21.8
生物医药（%）	3.7	17.2	25.8	25.5	12.8	18.4	32.1

　　中部崛起战略的实施，给武汉经济再次起飞带来难得的历史机遇，武汉经济迅猛发展，国内生产总值在 2011 年达到 6700 亿元，年均增长率高达 20%，反映在全国城市 GDP 排名中，武汉由 2005 年的第 17 位上升到 2012 年的第 9 位（详见图 4-8），武汉占全国 GDP 总量的比重也在上升（详见图 4-9）。工业经济发展以创新为立足点，注重发展工业园区，并以高科技产业作为工业发展的源动力，取得了巨大的进步。

年份 排名	1980年	1990年	2005年	2012年
1	上海	上海	上海	上海
2	北京	北京	北京	北京
3	天津	重庆	广州	广州
4	重庆	广州	深圳	深圳
5	广州	天津	苏州	天津
6	沈阳	沈阳	天津	苏州
7	武汉	苏州	重庆	重庆
8	青岛	成都	杭州	成都
9	大连	杭州	无锡	武汉
10	成都	哈尔滨	青岛	杭州
11	哈尔滨	青岛	宁波	无锡
12	南京	大连	南京	青岛
13	苏州	武汉	佛山	南京
14	杭州	南京	成都	大连
15			大连	
16			沈阳	
17			武汉	

图 4-8　武汉在全国城市
GDP 排名中的名次

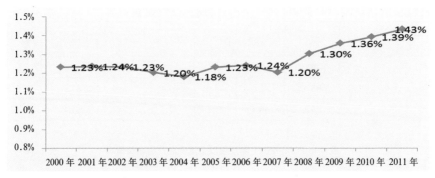

图 4-9　武汉占全国 GDP 总量的比重

4.3.3　各历史阶段城市空间发展特征

　　近百年来，武汉从几万人的封建城邑发展到拥有 1000 万人口的超大城市，城市空间形态发生了巨大变化，基本上遵循着点状布置、跳跃式发展、轴线推进、环状填充、圈层布局、轴向拓展等多种方式。

　　1. 点状布置

　　武汉"因水而兴"、"因武而昌"，至明末清初时，汉口已经发展成为中国四大名镇之首，被称誉为"九省通衢"。汉口开商埠后，英、俄、法、日、德等 5 国在汉口沿江设租界。1889 年，张之洞调任湖广总督，鉴于三镇自然条件和发展状况有所不同，分别赋予不同的功能和职能，基本形成三镇分工格局（详见图 4-10）。在工业发展上，张之洞将其就任广东时订购的英国的钢铁冶炼设备转运到武汉，选址在汉阳北侧临汉江的月湖、龟山一带建设炼铁厂和兵工厂。在武昌滨江地区规划建设了纺织厂，规划布局了布、沙、丝、麻等四局，基本奠定了武汉城市发展的基本格局（详见图 4-11）。

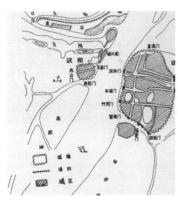

图 4-10　清朝早期武汉布局

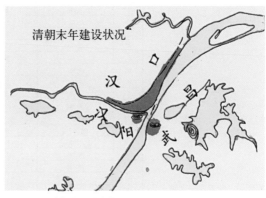

图 4-11　清朝末年建设状况示意图

辛亥革命成功后,武汉"首义之地"、"敢为天下先"的精神得到孙中山的高度肯定。他认为,武汉的地理区位非常优越,而且工业商贸非常发达,于是他亲自为武汉制定总体发展规划,规划将武汉定位为:"中国最重要的工商业大城市,中国中部西部的贸易中心,中国海运终点城市和中国本部铁路系统之中心,内地交通唯一之港",认为武汉"确为世界最大都市之一矣,所以为武汉将来计划,必须定一规模略如纽约、伦敦之大"。孙中山测算武汉总人口将达到400万~500万人。

"民国"期间,对三镇职能进行了更加细化的分工:工业区以长江下游之汉口、武昌两地及临襄河之汉口西南部为主,商业区则以汉口之特区、旧市区、汉阳及武昌之河边为宜,工人住宅区以汉口罐子湖以北及武昌之下马庙一带为宜,商人住宅区以武昌城内、汉阳城及洪山、狮子山一带为宜。汉口地区,选择水陆交通便利的宗关一带为第一工业区,谌家矶沿江附近为第二工业区,推动完成了武汉的城市经济由农业主导向工业化初期的转化。抗战胜利后,还以"大武汉"为版图,规划汉口为大武汉的重要商业区,其中张公堤内为住宅区,堤外为工业区;汉阳为大武汉的重要工业区,其中以墨水湖、太子湖、三角湖地带为住宅区,以沌口西南各地为文化区;武昌以油坊岭一带划为中央行政区或省行政区,旧武昌市区为大武汉的行政区,油坊岭东南沿湖沿丘陵的广大风景地带划为住宅区,青山至徐家棚沿江为工业区。

这一时期,武汉依托"九省通衢"的交通优势,高度重视和大力发展工商业,聚集了相当的经济实力和城市辐射力。同时,适应水运的交通模式,将工业、仓储等设施沿长江、汉江两岸布局,确立了武汉滨水带状的城市空间格局和平行江河的道路体系。城市内部有了功能分区,基本奠定了三镇的分工协作关系(详见图4-12)。

图4-12　1949年城市建设状况图

2. 跳跃式发展

新中国成立初期，为落实国家"一五"计划，支持武钢、武重、武锅、武船、青山热电、武汉肉联等国家大型工业项目建设，武汉开展工业区、铁路枢纽选址。为与之适应，规划在保留武昌临江工业的同时，跳出中心城区，在青山地区选址建设大型钢铁冶炼厂，在汉阳地区预留了工业厂区，全市兴建青山、白沙洲、中北路、易家墩、七里庙等多个工业区。这些重大工业区基本远离城市建设区进行建设，形成相对分散的空间布局。特别是武钢以及武钢生活区在青山地区形成大规模的工业、居住综合组团，与武昌既有城区之间保留了 20km 宽的农业、林业生产用地，形成城市建设空白区和生态控制区，成为武昌、汉口、汉阳之外的城市空间增长第四核心。中心区规划布局了唐家墩、鹦鹉洲、关山等 8 个工业园区，并配套建设了居住生活区，形成中型的综合性工业组团（详见图 4-13）。

图 4-13　1957 年城市建设状况图

因为城市空间的跳跃式发展，城市空间框架得以大规模展开，城市面积快速扩张。在 1952~1957 年的五年期间，武汉中心区人口由 131 万增长到 215 万，平均每年增加 10.5% 左右。建成区的规模从新中国成立初期的 37.7km² 增长到 107.97km²，每年平均增加 14.1km²，这是武汉建设和发展历史上的第一个高峰。

20 世纪 60 年代后，由于政治、自然等因素，城市建设趋于缓慢，有些年份甚至出现人口减少，城市建设力度不大。武汉城市空间拓展主要是沿旧城与工业组团联系的道路两侧和沿长江、汉水顺江地段进行轴线填充，形成堤角工业区、易家墩工业区、鹦鹉洲工业区和七里庙工业区、琴断口工业区、白沙洲工业区、余家头工业区等（详见图 4-14），在城市的边缘地带兴建并扩大了大型工业区，城市空间从沿江转向沿重要干道展开。

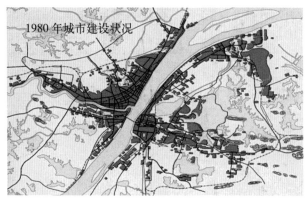

图 4-14　1980 年城市建设状况图

3. 环状填充

改革开放后，按照发展"有计划的商品经济"，调整了三镇布局。武昌适当发展关山、青山工业区。控制余家头和任家路之间的空地为武汉的蔬菜基地，阻止联片建设。逐步改造汉口人口密集、交通拥挤的状况，外迁京汉铁路和小型工业点。在汉阳地区规划布局了接纳部分汉口外迁的小型工业和仓库设施的用地。

武汉市被确定为国家综合改革试点城市后，规划围绕"两通起飞"思想，修建和完善了道路交通，尤其是兴建汉口火车站、武汉客运港、天河机场以及大批货运站场等区域性重大交通设施，除了长江的分割之外，三镇基本上形成了环状发展的空间雏形（详见图 4-15）。

汉口地区因为京汉铁路的外迁，城市空间得到了释放，建设大道、发展大道相继建成，城市空间大规模向纵深发展，形成了鄂城墩、花桥、北湖等大型城市居住组团。汉阳地区也建成二桥居住组团。

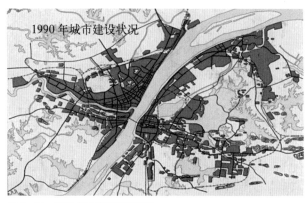

图 4-15　1990 年城市建设状况图

结合青山工业区的兴起，在武昌地区修建了钢花居住区，结合中北路工业区配套建设了东亭居住组团。三镇空间形态整体上呈现轴向变粗、组团靠拢、环间填充的趋势。

4. 圈层布局

20世纪90年代，为顺应市场经济发展，武汉的规划引入了西方"花园城市"的理念，提出城市地区一体化思路，在市域构建了"主城＋卫星镇"的城镇空间体系。规划适当控制主城，在主城15~25km的外围地区布置7个卫星镇，以接纳主城疏解的人口和农村地区的城镇化人口。规划目的是建设一个具有滨水城市特色的现代化生态城市（详见图4-16）。

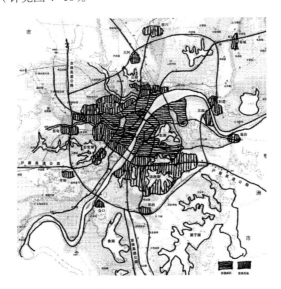

图4-16 "圈层＋轴向"拓展图

1996年"圈层＋轴向"的总体规划发展模式实施以后，逐渐形成以主城为核心，由内向外的三、二、一次产业圈层式布局结构。其中：内环以内主导功能是商业金融、行政办公和居住，二环周边的城市功能是居住、文化教育、商业服务以及少量工业，中环周边主要功能是工业发展，城市外围主要是水域和生态绿地。

汉口、汉阳、武昌等三镇分别结合吴家山产业园、武汉开发区和东湖开发区的建设，沿城市主要交通干道向外拓展（详见图4-17）。

5. 轴向拓展

中部崛起战略提出后，武汉的城市发展视野已经拓展到"1+8"武汉城市圈。2006年开始编制完成的新一轮城市总体规划提出，按照促进"大发展"与保护"大生态"的理念，制定了城市发展框架，规划利用武汉两江交汇、河湖密布、生态绿地分隔的自然特征，构建了"以主城区为核、多轴多心"的开放式空间结构。即以主城区为核心，沿城市重要对外干道构筑六条城镇发展轴，依托城镇发展轴布局六个新城组群。在各城镇发展轴之间严格控制六大放射型生态绿楔，形成沟通城市内外的生态廊道和城市风道。

其中，主城区主要发展金融商贸、行政办公、信息咨询、文化科教等服务职能。新城组群重在发展工业和激发活力，以工业园区发展为先导、以轨道交通为支撑、以生态保护为基础，重点布局工业、居住、交通、仓储等功能，承担主城疏散人口和远城区农村转移人口的职能，成为具有相对独立性、综合配套完善的功能新区。

在工业经济方面，着力打造光谷、沌口、临空区、临港区等"四大工业经济板块"，按照"一区一园"的要求和"产业成链、高效集

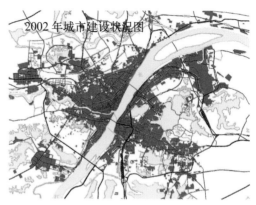

图4-17　2002年城市建设状况图

图4-18　2008年城市建设状况图

约、低碳环保"的标准,建设远城区9个新型工业化示范园区和14个其他工业园区，充分创造就业岗位，吸引主城转移的工业产业，吸纳主城外迁的人口和外围的城市化人口，并为各远城区提供工业经济发展平台（详见图4-18）。

6. 空间拓展小结

城市发展都是以国家宏观政治经济形势为背景，城市的任何一个发展阶段都反映了当时的宏观形势特点。武汉每一次工业经济的转变，都促使城市人口和城市空间出现较大变化（详见图4-19、图4-20）。

城市空间总体上基本吻合一般特大城市所经历的"点状发展－触角生成－轴间填充－触角再生"等演变阶段（参见图4-2）。

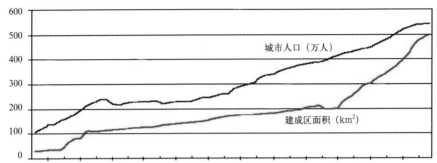

图 4-19　武汉历年人口与建设用地变化示意图

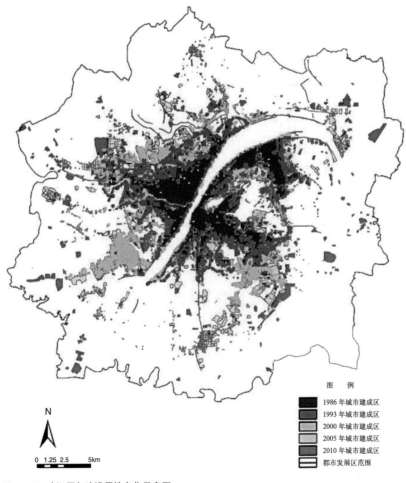

图 4-20　武汉历年建设用地变化示意图

4.3.4 工业经济与城市空间回归分析

在上述定性研究的基础上，建立武汉工业经济与城市空间发展的数据库，用数据定量分析研究两者之间的相关性。本研究用工业总产值代表工业经济增长情况，用城市建成区面积代表城市空间拓展规模，建立模型（详见表4-11）。

武汉历年工业经济和城市建设情况表　　　　　　表4-11

年份	工业总产值（亿元）	城市建成区面积（km²）	年份	工业总产值（亿元）	城市建成区面积（km²）
1949年	1.82	30	1981年	105.71	174
1950年	3.82	33	1982年	111.56	174
1951年	4.54	35	1983年	124.52	176
1952年	5.52	37	1984年	138.46	178
1953年	7.46	38	1985年	167.01	180
1954年	8.00	58	1986年	187.04	181
1955年	9.11	78	1987年	218.81	184
1956年	12.35	82	1988年	270.31	189
1957年	14.57	107	1989年	305.79	191
1958年	22.26	108	1990年	303.15	195
1959年	33.89	109	1991年	335.44	204
1960年	38.01	112	1992年	396.74	207
1961年	19.65	114	1993年	577.21	211
1962年	19.85	116	1994年	741.78	196
1963年	22.64	120	1995年	883.58	200
1964年	25.18	123	1996年	1012.66	202
1965年	31.23	124	1997年	1154.19	233
1966年	38.89	125	1998年	1228.82	250
1967年	32.73	127	1999年	1277.66	268
1968年	23.36	131	2000年	1422.37	295
1969年	32.23	135	2001年	1611.76	303
1970年	49.02	137	2002年	1769.92	320
1971年	50.52	140	2003年	1994.49	336
1972年	52.02	141	2004年	2402.34	393
1973年	57.79	143	2005年	2674.41	425
1974年	43.94	146	2006年	3162.06	440
1975年	60.11	148	2007年	4010.30	450
1976年	44.74	154	2008年	6251.79	466
1977年	56.68	160	2009年	6317.94	484
1978年	70.98	164	2010年	7004.96	493
1979年	88.05	168	2011年	7390.66	507
1980年	101.00	171			

注：1990年后的城市建成区面积是根据城市规划的定义测算的，其他数据来源于历年的《武汉市统计年鉴》。

首先，将武汉市 1949~2011 年的工业总产值作为横坐标，将 1949~2011 年的城市建成区面积作为纵坐标，进行回归分析，得出散点图（详见图 4-21）。

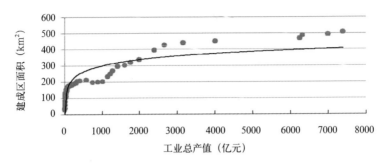

图 4-21　历年工业总产值与城市建设规模相关性分析

其趋势线公式为：

$y = 52.607\text{In}(x) - 63.219$

$R^2 = 0.8705$

从回归分析图以及相关系数为 0.8705 可以看出，工业总产值与城市空间规模是相关的，而且相关性较大。

鉴于上述分析的时限为 1949~2011 年，时间较长，特别是前 30 年城市建设可能会受到政治等因素的较大干扰。所以，再将武汉改革开放后的 1997~2011 年的近 15 年进行相关性分析（详见图 4-22）。

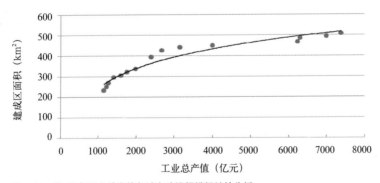

图 4-22　近 15 年工业总产值与城市建设规模相关性分析

其趋势线公式为：

$y = 136.87\text{In}(x) - 702.18$

$R^2 = 0.9396$

从近 15 年武汉工业经济发展与城市空间拓展数据分析可以看出，其相关系数为 0.9396，相关性更大。

从上述两个递进时间段的回归分析可以看出，武汉市的工业总产值与城市建成区规模的相关性越来越密切，这也说明了武汉市工业经济增长对城市空间拓展的主导作用越来越明显。

5

工业经济主导空间拓展研究——以武汉为例

　　作为中国近代工业发源地和全国重要的工业基地，同时还拥有良好的区位优势和交通条件，武汉具备进一步发展工业经济的基础。最近，武汉市政府提出全力实施"工业倍增计划"，用五年时间实现工业产值翻一番，并制定了相应的实施计划和考核办法。可以预计未来工业经济将继续主导武汉的城市空间拓展，影响城市空间结构。

5.1　当前武汉城市发展阶段判断

5.1.1　阶段划分的主要思路

　　鉴于工业经济呈现阶段性发展特征，很多学者研究提出了划分标准，指导工业化阶段的划分。尽管标准各不相同，但大体上一般分为工业化初期、中期和后期，并确定了工业化不同阶段的标志值（详见表5-1）。

工业化不同阶段的标志值　　　　　　　　　　表5-1

基本指标	前工业化阶段（1）	工业化实现阶段			后工业化阶段（5）
		工业化初期（2）	工业化中期（3）	工业化后期（4）	
1. 人均GDP（经济发展水平） 1964年（美元） 1996年（美元） 2000年（美元） 2005年（美元） 2007年（美元）	100~200 620~1240 660~1320 745~1490 890~1780	200~400 1240~2480 1320~2640 1490~2980 1780~3560	400~800 2480~4960 2640~5280 2980~5960 3560~7120	800~1500 4960~9300 5280~9910 5960~11170 7120~13400	>1500 >9300 >9910 >11170 >13400
2. 三次产业产值结构（产业结构）	$A>I$	$A>20\%$，且$A<I$	$A<20\%$，$I>S$	$A<10\%$，$I>S$	$A<10\%$，$I<S$
3. 第一产业就业人员占比（就业结构）	60%以上	45%~60%	30%~45%	10%~30%	10%以下
4. 霍夫曼系数（工业内部结构）	5.0（±1.0）	2.5（±1.0）	1.0（±0.5）	<1.0	—
5. 人口城市化率（空间结构）	30%以下	30%~50%	50%~60%	60%~75%	75%以上
6. 制造业增加值占总商品增加值比重（工业结构）	20%	20%~40%	40%~50%	50%~60%	60%以上

　　注：A表示第一产业产值，I表示第二产业产值，S表示第三产业产值。
　　资料来源：陈佳贵等. 中国地区工业化进程的综合评价和特征分析 [J]. 经济研究，2006（3）。

按照以上参考值的基本标准，根据武汉市统计年鉴的数据进行判断，由钱纳里的判断标准所显示的武汉市工业化进程是最为缓慢的（详见表 5-2）。新中国成立以来，武汉市第一产业产值一直低于 26%。1956 年武汉市第二产业比重首次高于第一、三产业（为 13.9：45.5：40.6），而 1958 年第二产业比重猛然上升到58.1%，直至 1960 年达到最高峰 64.0%，自 1961 年起这一比重又开始下降。这一点也可以从霍夫曼系数看出来。1958 年霍夫曼系数猛然从上一年的 4.08 降到 1.98。1963 年，武汉市编制了三年（1964~1966 年）工业调整规划，工业和基本建设主要围绕优先发展重工业，特别是三个支柱产业：冶金工业、机械制造业和纺织工业，第二产业产值不断上升，武汉朝着工业中期阶段发展。

武汉市所处工业化阶段总体评价 表 5-2

评判理论	基本指标	指标值	对应发展阶段
钱纳里标准	人均 GDP	149 美元（1964 年） 1322 美元（1996 年） 1822 美元（2000 年） 3290 美元（2005 年） 4920 美元（2007 年）	前工业化阶段（1） 工业化初期（2） 工业化初期（2） 工业化中期（3） 工业化中期（3）
库兹涅茨标准	产业结构 （三次产业产值之比）	10：48.6：41.4 （人均 GDP 为 1035 美元，1995 年） 3.2：46.4：50.4 （人均 GDP 为 7499 美元，2009 年）	后工业化阶段（5） 后工业化阶段（5）
	就业结构 （三次产业就业之比）	23.5：37.9：38.6 （人均 GDP 为 1035 美元，1995 年） 13.6：37.4：49.0 （人均 GDP 为 7499 美元，2009 年）	工业化后期（4） 工业化后期（4）
霍夫曼系数	轻重工业产值之比	4.39（1956 年） 1.98（1958 年） 1.03（1970 年） 0.92（2010 年）	前工业化阶段（1） 工业化初期（2） 工业化中期（3） 工业化后期（4）
城市化水平	城市化率	65.0%（2009 年）	工业化后期（4）
工业化水平	工业化率	45.9%（2010 年）	工业化中期（3）

注：人均美元价按当年人民币兑美元各方汇率平均价计算。
资料来源：《武汉市统计年鉴 2010》，武汉市统计信息网。

改革开放以后，武汉工业生产总值在三次产业中的比值超过了 60%，1981 年达到最大值，为 65.1%。自 1993 年，第二产业的比重开始缓慢而稳定地下降，与此同时第三产业比重缓慢上升，是进入后工业化阶段的标志。同时，从库兹涅茨五阶段划分标准也可以看到，1993 年武汉市三次产业产值比（10：49.7：40.3）已进入库兹涅茨第五阶段，也就是后工业化阶段。但值得注意的是，虽然 1993 年武汉市产业结构已达到了库兹涅茨的第五阶段，但人均 GDP 只有 901 美元，只相当于工业化初期的人均收入水平。2009 年的人均 GDP 有所改善，达到了工业化中期结束过渡到工业化后期的水平。就业结构所反映的情况与产值结构如出一辙，在结构上 1995 年已达到工业化的第四阶段，但人均 GDP 追赶的速度却十分缓慢。而从工业化率来看，根据武汉市已有数据，自 2000 年起武汉市制造业增加值占总商品生产部门增加值的比重从 35.99% 缓慢上升至 2009 年的 39.56%，还处于工业化初期的后期阶段。

5.1.2　阶段划分的结论

根据钱纳里标准等对工业化划分的六个不同标准，将武汉工业化发展的进程分析图直观地显示如图 5-1。

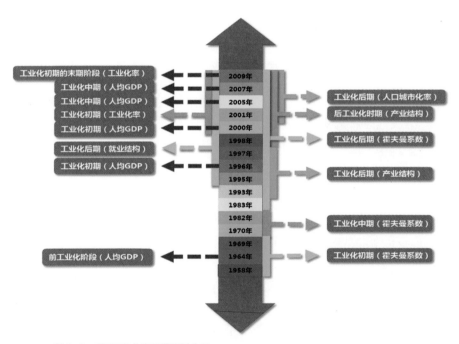

图 5-1　武汉工业化发展进程划分图

资料来源：方齐云，王伟波，傅波航等．国家战略下的武汉工业政策演变研究报告 [R]，2011。

综上可以判断：总体上武汉市目前处于工业化中后期阶段（详见图 5-2）。该判断的理由在于：结构指标反映出武汉市工业发展到了工业化后期（就业结构）甚至后工业化时期（产业结构），从结构指标来看，第二产业比重稳定且第三产业比重达到三次产业的一半；霍夫曼系数更是显示出武汉市从 1983 年就开始进入了

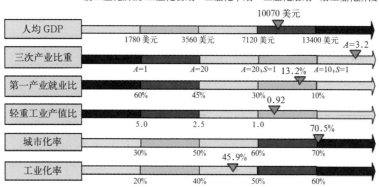

图 5-2 武汉工业化水平测定图（2010 年）
资料来源：方齐云，王伟波，傅波航等．国家战略下的武汉工业政策演变研究报告 [R]，2011。

重化工业阶段；城市化率 2011 年达到 70.5%，也表明武汉市处于工业化后期；但经济发展水平指标仍停留在工业化中期阶段，2012 年人均 GDP 达到 1 万美元；而工业化率的指标表明武汉市工业才正在从初期进入中期阶段。

武汉市目前的消费结构由生存需要转向发展与享受需要，可以刺激先进工业和现代服务业的发展，经济增长方式将由粗放增长向集约增长转变。武汉市工业经济发展尚未进入"刘易斯拐点"，所以工业化沿着吸收农业剩余劳动力的方向发展。就业压力也促使服务业粗放式发展，而现阶段经济增长的主要因素已经开始从资源驱动型向资本、技术进步驱动型转变。

5.1.3 横向比较与判断

与北京、上海、深圳等发达城市人均 GDP 情况作对比可以看出，北京、上海、深圳、武汉等四个城市的人均 GDP 有着基本相同的增长趋势（详见图 5-3），1995 年以前人均 GDP 的变化不大，从 1996 年开始，各城市的人均 GDP 上升速

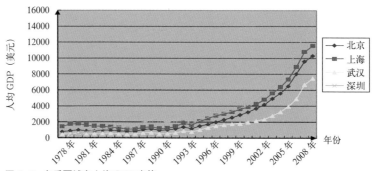

图 5-3 各重要城市人均 GDP 走势

度明显加快。到 2009 年，北京、上海、深圳的人均 GDP 分别达到 10314 美元、11563 美元和 13493 美元，处于钱纳里的工业化后期向后工业化时期过渡的阶段，而武汉人均 GDP 仅有 7499 美元。北京从进入工业化中期到结束工业化中期用了 5 年，上海和深圳从工业化中期的中间阶段到工业化后期用了 5 年，相比较而言，深圳近几年的发展更快，从进入工业化后期到工业化后期的后半阶段只用了 2~3 年。对比这些发达城市，从武汉自身情况来看，在人均 GDP 这项指标上要进入工业化后期估计需要 5~10 年。

为了直观地看到武汉市和其他相关城市工业化发展的对比情况，把武汉和我国四个直辖市以及五个计划单列市的相关指标值归纳（详见表 5-3、表 5-4）。可以看出，武汉市人均 GDP 在十个城市中只排第九位，仅高于重庆，且与其他城市相比仍有较大的差距，说明武汉经济发展水平仍然滞后，与武汉本身的地位并不相适应。对比三次产业产值和就业数据，武汉市 2008 年第一产业以 2.15% 的就业人数仅创造了 3.65% 的 GDP，在这十个城市中排第九位，而最高的宁波市第一产业以 0.12% 的就业人数创造了 4.22% 的 GDP，说明武汉市第一产业的生产力水平低下。第二产业和第三产业的生产力水平较之第一产业的排名靠前，但仍落后于其中几个城市。另外，在第三产业方面，虽然武汉第三产业在 GDP 中的比重较大，但武汉市的第三产业主要集中在人力成本低、劳动密集的批零、商业、餐饮等传

2008 年武汉与其他城市三次产业比情况　　　　表 5-3

城市	人均 GDP（元）	三次产业产值比	三次产业就业比	城市化率（%）
深圳	89814	0.09：48.88：51.04	0.23：52.13：47.64	100.0
上海	73124	0.82：45.52：53.66	0.32：42.34：57.34	87.5
宁波	69997	4.22：55.41：40.36	0.12：64.18：35.70	34.9
大连	63198	7.49：51.68：40.83	0.98：50.16：48.86	59.6
北京	63029	1.08：25.68：73.25	0.46：24.59：74.95	73.1
厦门	62651	1.38：52.44：46.18	0.39：67.80：31.82	68.3
天津	55473	1.93：60.13：37.94	0.35：46.92：52.72	60.7
青岛	52677	5.04：50.84：44.12	0.32：63.26：36.41	36.3
武汉	44290	3.65：46.15：50.19	2.15：49.57：48.27	64.5
重庆	19025	11.29：47.74：40.97	0.76：46.66：52.58	27.9

各相关城市 2010 年工业化率指标　　　　表 5-4

城市	青岛	天津	厦门	深圳	武汉	重庆	宁波	上海	大连	北京
工业化率（%）	55.0	53.3	50.0	46.1	45.9	43.3	41.8	36.3	23.0	21.0

注：工业化率采用工业增加值与国内生产总值（GDP）的比例。

统服务业，而金融、物流、信息等高层次服务业与新型服务业发展很不充分，远远落后于上海等较发达地区。从城市化率指标来看，武汉排在第五位，武汉的城镇化建设取得了较好的发展。相比而言，北京、上海等发达城市工业化率指标很低，这是因为它们是交通、科技、旅游的中心，第三产业发达，工业增加值并没有占很大的比重；武汉的工业化率为45.9%，还是工业化中期阶段。

由数据分析可以看到，我国五大中心城市处于第一梯队，宁波、青岛等城市处于第二梯队，而武汉处于第二梯队的后列。武汉目前的工业化总水平与全国直辖市和计划单列市相比，仍有较大的差距，说明武汉经济发展水平仍然滞后，与武汉本身的地位并不相适应。这主要是由于企业技术水平低、工业投资在固定投资中的比重低造成的。但是也可以看到，新型工业化发展方面，武汉具有非常优越的比较优势和后发优势，而在第三产业中也有很大的空间去发展高层次服务业与新兴服务业。

5.2 存在的问题与面临的机遇

5.2.1 当前工业经济和城市发展的问题

1. 整体经济发展问题

为了研究分析武汉整体经济发展情况，将武汉市新中国成立后60年（即1949~2008年）、改革开放后30年（即1979~2008年）的经济发展与相关城市进行对比。根据武汉市统计局的报告，武汉地区生产总值从1949年的3.28亿元增加到2008年的3960亿元，60年增长了222倍，年均递增9.6%（全国同期是8.1%）。其中，1949~1978年年均递增7.3%（全国同期是6.1%），1979~2008年年均递增11.8%（全国同期是9.8%）；武汉工业总产值从1949年的3.82亿元增加到2008年的4780亿元，增长了1250倍，年均递增12.8%。武汉全社会固定资产投资从1950年的0.12亿元增加到2008年的2252亿元，增长了18766倍，年均增长22.7%。

虽然武汉市经济建设取得了一定成绩，但是与深圳、苏州、广州、东莞等比较，发展步伐相对较为缓慢。在工业产值、固定资产投资、高新技术产业、非公经济发展、三次产业结构等方面存在很大差距。其中，广州市地区生产总值由1949年的2.98亿元提高到2008年的8215亿元，按可比价计算增长了675倍，60年年均增长11.7%；东莞市地区生产总值2008年为3700亿元，按可比价比1978年增长137倍，30年年均增长17.8%。2008年全市工业总产值7222.38亿元，按可比价比1978年增长1092倍，30年年均增长26.3%。改革开放30年，广州、苏州、杭州、无锡的GDP年均增长率都超过14%，东莞、佛山的GDP年均增长率都超过17%，

1979~2008 年，深圳 GDP 年均增长率更是超过 26%。

与目前确定的 5 个国家中心城市比较，武汉市经济规模总量 GDP、工业增加值和工业总产值就更低，在区域经济中的比重也较轻（详见表 5-5）。2010 年武汉市 GDP 是 5515 亿元，工业总产值是 6424 亿元，同时期北京、上海、广州、天津以及重庆的 GDP 分别是 13778 亿、16872 亿、10604 亿、9108 亿、7894 亿元，工业总产值分别是 13000 亿、31039 亿、15700 亿、17016 亿、10332 亿元。武汉市的 GDP 和工业总产值都远远落后于 5 大中心城市，显现出与现有国家中心城市之间的差距。

与此同时，在与 15 个副省级城市比较 GDP 与工业总产值后发现（详见表 5-6），武汉市 GDP 略高于副省级城市平均值，但工业总产值偏低，不及深圳、杭州、青岛、大连、宁波、南京、沈阳等城市。

武汉与区域中心城市工业发展比较（2010 年）　　　　　表 5-5

城市	经济腹地	地区生产总值（即 GDP）		工业增加值		工业总产值
		数值（亿元）	占比（%）	数值（亿元）	占比（%）	数值（亿元）
北京	北方地区和环渤海地区	13777.94	11.6	2701.6	4.3	13227
天津	北方地区和环渤海地区	9108.83	7.6	4410.7	7.0	17016
上海	长三角	16872.42	25.1	6456.8	14.1	31039
广州	珠三角	10604.48	28.5	3594.3	19.4	15700
重庆	西部地区	7894.24	9.8	3697.8	9.6	10332
武汉	中部地区	5515.76	6.6	1941.3	5.8	6425

武汉与副省级城市工业比较（2010 年）　　　　　表 5-6

副省级城市	国内生产总值（亿元）	GDP 排名	工业总产值（亿元）	工业总产值排名
广州	10604	1	15700	2
深圳	9511	2	18211	1
杭州	5945	3	11258	5
青岛	5666	4	11451	4
武汉	5565	5	6424	9
成都	5500	6	6143	10
大连	5150	7	8162	8
宁波	5125	8	13171	3
南京	5086	9	8502	7

续表

副省级城市	国内生产总值（亿元）	GDP 排名	工业总产值（亿元）	工业总产值排名
沈阳	5015	10	9601	6
济南	3911	11	5289	12
哈尔滨	3666	12	2100	15
长春	3370	13	5751	11
西安	3241	14	3354	14
厦门	2054	15	3772	13

　　与此对应，武汉在国家中的地位在不断下降（详见图5-4）。从近代的"内陆商贸重镇"、"工商业都会"、"全国大都会"，下降到计划经济时代的"重工业基地"、"中部地区中心"，城市地位每况愈下。而且武汉的区域服务能力还比较弱，服务业中只有医疗服务设施水平在全国排位较高，现有三甲医院36家，位居全国第五，综合服务水平居全国第五。其他服务设施水平均较低，其中武汉的资本市场总量低于郑州，文化产业增加值不到长沙的70%，具有传统优势的武汉商业零售在全国也只能排第七。与"我国中部地区中心城市"的地位和建设"国家中心城市"的目标相比，武汉的经济实力不足、层次地位不高、辐射带动不强。

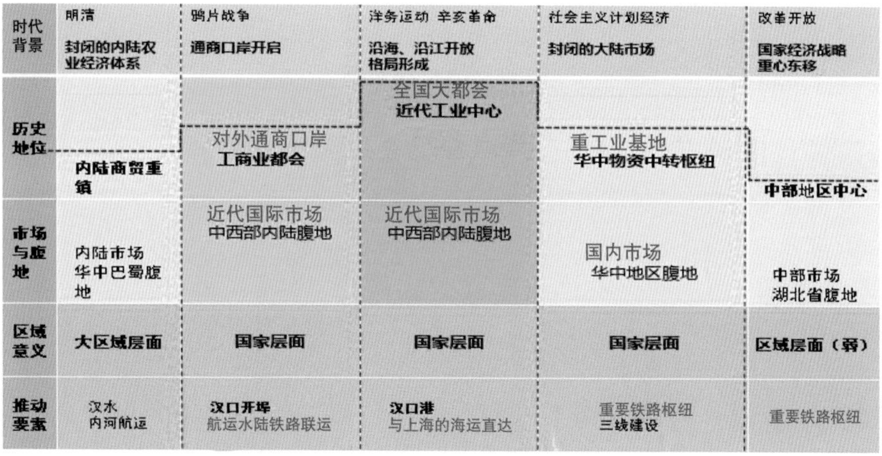

图5-4　武汉历史地位演变情况
资料来源：中国城市规划设计研究院.武汉2049远景发展战略[Z]，2013。

2. 工业经济规模问题

　　"十一五"期间，武汉市工业总产值连续突破3000亿、4000亿、5000亿、6000亿、7000亿元大关，至2011年武汉市工业总产值达7390亿元，五年平均年增幅达到

19.2%，是新中国成立后的第二高速增长期。其中，轻工业总产值 1565 亿元，重工业总产值 5826 亿元。规模以上工业增加值在 15 个副省级城市中排名第五位，较 2006 年前移三位。2006 年以来，同期平均增速工业高于 GDP3.8 个百分点，对全市 GDP 增长贡献率达 44%，传统优势产业地位更加突出。目前，武汉市制造业形成了八大支柱产业（详见表 5-7），包括汽车、装备制造、钢铁、电子信息、家电、石化、能源环保和食品等。

武汉市制造业支柱产业及其龙头企业 表 5-7

序号	支柱产业	支柱产业的龙头企业
1	汽车产业	神龙汽车、东风本田、东风日产
2	装备制造产业	中国兵工、航天科技、国家核电技术集团、东方电气
3	钢铁产业	武汉钢铁（集团）公司、武冶设备制造公司、中国第一冶金建设公司
4	电子信息产业	鸿富锦、武汉邮科院、冠捷
5	家电产业	海尔、格力、美的
6	石化产业	中国石化集团武汉石油化工厂、武汉葛化集团有限公司、武钢焦化
7	能源环保产业	武汉凯迪电力公司、武汉华丽环保公司、武汉远东绿世界公司
8	食品产业	益海嘉里、可口可乐、百事可乐、统一、顶益、华润啤酒、百威英博

但是横向比较，武汉工业发展相对偏缓。20 世纪 80 年代，武汉工业占全国工业的 2%，名列第 4 位；20 世纪 90 年代末占 1.2%，列第 8 位。而到 2010 年，规模以上工业增加值在全国 19 个副省级以上城市中列第 12 位。如果在全国中等以上城市中排名，武汉工业总产值还不及苏州、无锡，以及珠三角的佛山、东莞等一些地级市，排名在第 25 位以后。

武汉工业竞争力还不够强，全市具有强大带动作用的大产业、大企业不多。2011 年年末规模以上工业企业 1696 家，其中产值过 100 亿元的企业 13 家、过 10 亿元的企业 78 家。武汉地区只有东风汽车、武汉钢铁、湖北中烟和武汉邮科院等 4 家企业入围 2011 年中国制造企业 500 强，只有汽车及零部件、装备制造、钢铁及深加工、电子信息等 4 个产业的总产值在 2011 年突破了千亿元（详见表 5-8）。

武汉 11 大行业规模以上工业总产值、增长速度（2011 年） 表 5-8

序号	行业	工业总产值（亿元）	比上年增长（%）
1	汽车及零部件	1334.18	10.6
2	装备制造	1080.66	25.0
3	钢铁及深加工	1028.58	17.3
4	电子信息	1010.92	31.4

序号	行　业	工业总产值（亿元）	比上年增长（%）
5	食品烟草	842.57	24.5
6	能源及环保	664.19	22.6
7	石油化工	452.07	21.8
8	日用轻工	348.94	21.5
9	建材	216.82	31.3
10	生物医药	123.94	32.1
11	纺织服装	116.24	37.3

除武汉钢铁、东风汽车、武汉邮科院等中央大企业和钢铁、汽车、光电子等产业具有一定竞争优势外，其他企业和产业竞争能力都还不强。一批曾经在各自行业位居前列的"武"字头企业，成长速度不快。企业发展还不够充分，2010年武汉市规模以上工业企业数量不到宁波、杭州的1/5，广州的1/3，沈阳的1/2。私营企业规模较小，增加值只占全市生产总值的47.8%，而沿海同类城市普遍超过60%，户均注册资金193万元，而沿海城市达300万~500万元。中国民营企业500强中，武汉有11家企业入围，且大多排名在200名之后，杭州、宁波分别有81家、17家入围。制造业的规模经济效应不明显，地域品牌还不鲜明，传统制造业比重较大，"重工业偏重，轻工业偏轻"的问题仍然存在。

产业关联度低，产业链条短，空间集聚程度弱，产业配套能力不强。一方面，中小企业为武汉地区的重点龙头企业配套能力不强，钢材、轿车、显示器、空调等重要产品的本地深加工及配套水平低于30%。2011年武汉汽车整车与零部件产值比为1∶0.4，而国际标准为1∶1.7。另一方面，龙头企业配套半径过大，如武汉的家电产业的零配件配套半径在30km内的仅占10%，配套半径在100km以内的也只占25%。武汉神龙公司的99家供货商中，在武汉周边200km范围内的不足20家。武汉"周黑鸭"原材料的60%来自山东省，来自武汉周边地区的不足30%。

工业投入相对较弱，2010年武汉市工业投资800亿元，而大连为1600亿元，南京为1600亿元，沈阳为1650亿元，青岛为1300亿元。同时，武汉市许多工业园区的水、电、气等基础设施配套不完善，工业项目的及时建设、顺利投产和良性运营常常较困难。

3. 工业经济结构问题

一是武汉市制造业的产业层次不高，产品附加值低。制造业依旧以传统制造产业为主，如黑色金属冶炼、电力、设备制造、石化产业等，传统制造业产值在全市国民经济中占比相当大；主导产业缺乏高科技含量，大多是劳动力密集型的，较多地依赖于相对成本优势。资金、技术密集的新兴产业没有形成明显优势，大多数高新技术产品还处于产业链的低端；具备竞争力的仍然是劳动密集型产品。市场占有率较高的石油化工、机械制造、烟草食品等产业的科技含量较低；支撑制造业发展的生产性服务业配套不足，尤其是支持创新发展的风险投资等依然不足（详见表5-9）。

武汉市制造业行业结构构成情况表 表5-9

制造业行业	企业数（个）	利税总额（百万元）	出口交货值（百万元）	从业人员（人）	就业人数比重（％）
农副食品加工业	72	368.1	40.1	11255	2.3
食品制造业	45	217.5	26.7	6813	1.4
饮料制造业	15	1104.2	0	8735	1.8
烟草制造业	3	12631.6	14.6	4768	1.0
纺织业	59	120.9	444.6	24300	5.1
纺织服装、鞋、帽制造业	59	132.4	264.7	15153	3.2
皮革、毛皮、羽毛（绒）制品业	7	21.7	35.7	1963	0.4
木材加工及木竹藤棕制品业	13	13.1	0	1489	0.3
家具制造业	12	105.6	166.3	2618	0.5
造纸及纸制品业	50	409.6	99.4	8683	1.8
印刷业和记录媒介的复制	46	277.8	242.8	10719	2.2
文教体育用品制造业	4	11.9	75.7	562	0.1
石油加工、炼焦制造业	11	625.6	0	4662	0.9
化学原料及化学制品制造业	103	676.2	754.1	17207	3.7
医药制造业	66	1118.4	118.1	20455	4.3
橡胶制造业	11	30.4	0	1394	0.2
塑料制造业	53	289.4	96.9	9152	1.9
非金属矿物质制造业	140	754.1	87.2	19276	4.0
黑色金属冶炼及压延加工业	22	15676.3	5395.5	95296	19.8
有色金属冶炼及压延加工业	22	66.2	0.1	2304	0.5
金属制品业	113	422.5	81.8	16994	3.5
通用设备制造业	161	971.3	254.0	44513	9.3
专用设备制造业	98	593.5	56.7	11397	2.4
交通运输设备制造业	157	9011.3	3546.4	64742	13.5
电器机械及器材制造业	133	1472.2	1194.9	28576	5.9
通信及其他电子设备制造业	94	1699.9	10538.0	33148	6.9
仪器及文化办公用品制造业	67	361.9	216.9	9325	1.9
工艺品及其他制造业	9	62.2	7.7	1736	0.3
废弃物资和材料回收加工业	8	45.8	0	3282	0.7

注："从业人员"指年平均全部从业人员数。

　　二是产业链条短，经济效益不高。例如，虽然武汉是全国重要的装备制造生产基地，但本地工程机械制造落后。而长沙市的工程机械产值在 2010 年已经突破了 1000 亿元。其中，三一重工集团已成为全球高端装备制造业龙头，预计未来五年销售额达到 3500 亿元。

　　三是产业运行质量不高，能源消耗量大。武汉重要的产业集群，如钢铁产业集群、电力能源产业集群、化工产业集群、纺织服装产业集群等，都面临着高能耗、高污染的现实问题。特别是武汉东部青山、阳逻、北湖地区，以重化工为主，以"大耗能、大排放、大耗水、大运量"为主要特征，2007 年工业万元产值能耗 3.2t 标准煤，是全市平均水平的 2 倍，全国的 2.8 倍，北京的 5 倍，苏州的 9 倍，日本的 15 倍。工业废气排放量为 2610 亿标 m³，占全市的 85%。工业废水排放量为 18756.8 万 t，占全市的 66%。工业粉尘排放量为 6850t，占全市的 50%。工业固体废弃物产生量为 759 万 t，占全市的 80%。

　　四是外向度和占有率较低，参与市场竞争的能力不强。2007 年武汉市制造业总产值占全国的比例仅为 0.8%，出口额占全市制造业总产值的 9.5%，制造行业外向度低，导致行业参与市场竞争和对外扩张市场的能力较弱。2007 年全市完成出口交货值 237.58 亿元，仅占武汉市制造行业销售产值的 6.71%，且完成出口的产品结构上多为初级产品和简单加工产品。2010 年武汉进出口总额只占 GDP 的 17.6%，低于全国平均水平 27.3 个百分点；武汉实际利用外资 29.4 亿美元，而大连是 60.2 亿美元、深圳是 41.6 亿美元、杭州是 40.1 亿美元、广州是 37.7 亿美元；武汉累计引入境外投资企业仅占全国总量（即 8500 家）的 1.47%，引进外资企业为 125 家。

4. 城市空间发展问题

　　一是武汉空间资源质量不足。武汉市域小、市区大，建成区占市域版图面积的 10%，大大高于重庆（1%）、天津（6%）、成都（5%）等城市。全市人均耕地约 0.6 亩，远低于全国 1.38 亩的平均水平，人多地少，后备耕地资源紧缺。

　　二是城市化严重滞后于工业化。对比新中国成立后典型年份武汉市的工业化与城市化可以看出（详见表 5-10），第二产业增加值占国内生产总值比重所代表的工业化率与城市化率的比值（即 IU）一直是高于国际标准（即 0.5）。特别是在"一五"、"二五"时期的 10 年，工业化水平增长了 40 个百分点，而城市化只提高了 13 个百分点。两者差别最大的是 1970、1980 年，两者相差达到 14 个百分点，其 IU 值高出国际标准 1.5 倍以上，NU 值也高出国际标准（即 1.2）0.5 倍以上。说明在很长一段时间内，武汉的城市化拖累了工业化发展。

武汉市典型年份工业化与城市化对比分析　　　　表 5-10

年份	工业化率 I（%）	非农化率 N（%）	城市化率 U（%）	IU	NU	IU 与国际（0.5）差距	NU 与国际（1.2）差距
1950 年	24.8	77.4	40.5	0.61	1.91	0.11	0.71
1955 年	38.2	85.6	47.5	0.80	1.80	0.30	0.60
1960 年	64.0	94.0	53.4	1.20	1.76	0.70	0.56
1965 年	59.6	86.0	50.0	1.19	1.72	0.69	0.52
1970 年	61.7	87.4	46.9	1.32	1.86	0.82	0.66
1975 年	61.9	86.5	47.9	1.29	1.81	0.79	0.61
1980 年	64.6	89.1	49.5	1.31	1.80	0.81	0.60
1985 年	60.8	86.8	55.4	1.10	1.57	0.60	0.37
1990 年	52.0	84.4	55.9	0.93	1.51	0.43	0.31
1995 年	48.6	90.0	57.3	0.85	1.57	0.35	0.37
2000 年	44.2	93.3	58.9	0.75	1.58	0.25	0.38
2005 年	45.5	95.1	62.8	0.72	1.51	0.22	0.31
2010 年	45.5	96.9	64.7	0.70	1.50	0.20	0.30

　　注：工业化率采用第二产业增加值占国内生产总值（GDP）的比重。非农化率采用第二、三产业增加值占国内生产总值（GDP）的比重。

　　三是武汉中心区人口疏散不力。据统计，近三年全市新增城市人口 39 万人，其中的 90% 流向主城区，目前武汉市主城区人口密度为 12371 人 /km²，接近日本东京城区 13092 人 /km² 的水平，尤其是作为城市核心区的中央活动区承载了主城区近 50% 的人口，人口密度达到 2.38 万人 /km²，部分片区（如汉正街地区）人口密度甚至高达 10 万人 /km²。过高的人口聚集带来了交通拥堵、基础设施负荷过重、人居环境不佳等问题。

　　四是城市空间扩展呈分散化态势。2006~2011 年新增工业、居住等各项用地布局分散，聚约化效应难以体现（详见图 5-5）。新城建设不聚集，新城已建成的集中区平均规模仅 16km²，新城规模普遍偏小，

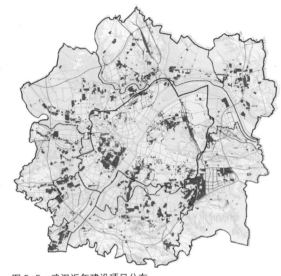

图 5-5　武汉近年建设项目分布

空间拓展缓慢（详见表5-11）。同时，新城建设多以项目为导向，呈"片段化"、"破碎化"形象特征。从国内外新城案例的分析来看，新城规模普遍达到20万人口以上，部分新城已达到40万~50万人口规模，相当于中等城市的规模（详见表5-12），这样的规模才能使新城产生吸引力，城市功能才能配备完善。

武汉新城建设规模情况 表5-11

新城规模（km²）	1995年	2000年	2005年	2010年
吴家山	7.3	12.2	21.9	26.9
蔡甸	5.7	6.3	6.8	7.2
纸坊	8.6	8.6	9.0	12.5
阳逻	3.0	6.4	9.1	23.1
常福	<1	0.9	7.5	12.6
盘龙城（宋家岗）	<1	<1	3.3	14.7
北湖	<1	<1	<1	<1
金口	<1	<1	<1	<1

国内外新城建设规模情况 表5-12

城市	新城	距中心城市距离（km）	人口规模（万人（年份））	用地规模（km²）
利物浦	伦康	22	10（2000年）	29.35
华盛顿	圣查尔斯	32	7.5（规划）	31.97
巴黎	玛尔—拉—瓦雷	10	24.65（1999年）	152
东京	千叶	40	34（规划）	29.13
港九	沙田	6	63.4（1999年）	69.4
上海	松江	30	50（远期规划）	60（远期规划）

5. 工业园区发展问题

据统计，2010年武汉市实现工业总产值6424亿元，中心城区和开发区仍然是工业发展的主力，总产值为5030亿元，占全市的78%，工业增加值达1667亿元，占全市的80%。2010年全市工业用地达165.4km²，其中远城区工业用地面积60.9km²，占全市工业用地面积的37.3%。

武汉工业园区规模普遍较小（详见表5-13）。在本研究调查分析的22个工业园区中，20km²以下的园区共16个，占园区总数的72.7%。其中，规模小于5km²的8个，占园区总数的36.4%；5~10km²的5个，占22.7%；10~20km²的3个，占13.6%；超过20km²的6个，占27.3%。

武汉市工业园区规模情况　　　　　　　　　　　表 5-13

管理面积规模等级	园区名称	个数（个）	个数占比（%）	管理面积（km²）	面积占比（%）
<5km²	径河工业园、汉南经济开发区、东荆机电园、美国新都市工业园、华中农机产业园、沌口小区工业园、武湖工业园、双柳工业园	8	36.4	23.10	7.1
5~10km²	金银潭工业园、姚家山工业园、黄金工业园、横店工业园、滠口工业园	5	22.7	38.11	11.7
10~20km²	金银湖工业园、庙山开发区一区、庙山开发区二区	3	13.6	39.19	12.1
>20km²	台商工业园区、常福工业园、大桥新区、藏龙岛科技园区、盘龙城经济开发区、阳逻经济开发区	6	27.3	224.83	69.1

平均每个园区建成规模仅为 3.7km²，工业用地建成规模小于 2km² 的园区数量占比超过 50%。其中，东西湖区的金银潭工业园工业用地建成规模为 1.91km²；汉南区的东荆机电园、美国新都市工业园以及华中农机产业园分别为 0.05、0.28、0.11km²；蔡甸区的姚家山工业园、沌口小区工业园分别为 0.81、1.12km²；江夏区的庙山开发一区、二区、黄金工业园分别为 1.80、0.41、1.18km²；黄陂区的横店工业园、滠口工业园和武湖工业园分别为 0.04、1.46、0.67km²。以上 12 个园区工业用地建成规模均低于 2km²。

各工业园区存量用地大，项目建成率偏低。"十一五"期间，全市共批准工业用地面积为 114.58km²，其中已建成工业用地面积为 36.75km²，仅为批准工业用地的 32.1%；在其他 67.9% 的已批未建工业用地中，尚未供应的工业用地为 68.45km²，占比达到 87.8%。六个远城区"十一五"期间共批准的 1125 个工业项目中仅建成 574 个，占 51.1%。可见，发展工业的存量用地量大，而项目建成率却很低。

产业发展层次不高，产出效益偏低。2010 年，全市工业用地地均产值为 38.47 亿元 /km²，是同期上海、广州等城市水平的 54%（详见表 5-14）。其中，两个国家级开发区地均产值较高，武汉开发区为 71.8 亿元 /km²，东湖开发区为 69.7 亿元 /km²。远城区平均地均产值为 23.4 亿元 /km²，约为全市水平的 60%（详见图 5-6）。

各大城市工业用地效益情况比较（2010 年）　　　　表 5-14

城市	工业总产值（亿元）	工业用地面积（km²）	工业用地地均产出（亿元 /km²）
北京	13227	201	64.68
上海	31039	427	72.69
广州	15700	227	69.16

续表

城市	工业总产值（亿元）	工业用地面积（km²）	工业用地地均产出（亿元/km²）
天津	17016	273	62.33
重庆	10332	231	44.73
武汉	6424	167	38.47

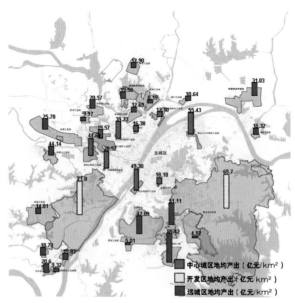

图5-6　2010年各区工业园区地均产值比较

　　而且从全市来看，园区布局不够集中，园区建设品质偏低。大部分园区以低廉的地价吸引了中心城区的产业，不但规模偏小、园区间缺乏产业互动与协作，聚合发展不足，甚至有些园区缺乏长远统筹考虑，只有供电、供水、通信等基本的配套设施，污水处理厂等市政基础设施、文教卫体商等服务设施普遍缺乏，造成园区生活不便、人气不旺，后续发展缺乏动力。

　　而且工业聚集不够，工业用地入园率低。调查显示，武汉市远城区现状工业用地总面积60.9km²，其中有51.5km²位于园区内，工业用地入园比率约84.5%。反而是"十一五"期间供应的工业用地入园率较低，仅为55.1%，未能实现空间上的有效集聚。

　　6. 交通与基础设施问题

　　一是快速路建设严重滞后。2007年武汉快速路不到100km，而北京中心城区已经建成了5条快速环路、14条快速放射线和联络线，占其规划的380km规模的90%以上。上海中心城区已建成快速路285km，占其规划总规模的90%以上。武汉目前全市GDP已经突破8000亿元，但是大运量快速通道建设相对滞后。新城

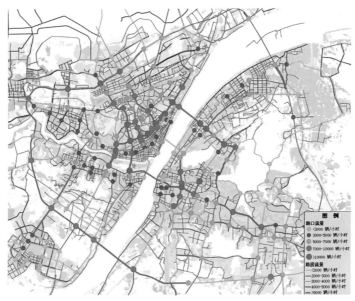

图 5-7　2011 年主城区道路交通流量

与主城的时距仍在 1h 以上。同时，中心城区道路交通拥堵趋于严重，且呈现堵点增多、明显向外扩散趋势（详见图 5-7）。高峰小时混合车流量大于 5000pcu 的路口由 2009 年的 48 个增加到 2011 年的 100 个，高峰小时流量大于 7000pcu 的路口由 2006 年的 23 个增加到 2011 年的 48 个，大于 10000pcu 的路口由 2006 年的 5 个增加到 2011 年的 17 个，大大降低了城市运行效率。

二是轨道交通建设滞后，公共交通发展缓慢。按照国家规定，城市 GDP 达到 1000 亿元，人口达 300 万，即可启动轨道交通建设。武汉 GDP 在 1998 年就已超过 1000 亿元，直到 2004 年轨道一号线一期工程才开通，2011 年二号线一期才开始运营。而北京、上海、广州的第一条轨道线分别于 1969、1995、1998 年建成通车，2011 年三座城市的轨道线网规模已分别达到了 364、413.6、236km（详见表 5-15）。

2011 年国内部分大城市轨道长度比较　　　　　　　　　　表 5-15

城市	现状开通线路		近期建设规划			
	线路条数（条）	线路长度（km）	规划年度	线路条数（条）	线路长度（km）	总投资（亿元）
北京	18	364	2006~2015	15	447.4	1636.0
上海	12	413.6	2005~2012	10	389.0	1439.0
天津	3	75.6	2003~2010	2	51.1	209.6
广州	8	236	2005~2010	7	127.66	487.0
深圳	9	176.2	2005~2010	8	156.5	521.0
南京	2	81.4	2004~2015	3	97.6	368.3
武汉	1	10.23	2004~2012	3	72.0	237.2

世界各大城市都很重视大运量、长距离、快速交通建设，将之大量布局在中心城区与新城之间，以引导新城开发建设（详见表5-16）。而目前武汉市的轨道交通主要还是集中在中心城区，没有起到支撑新城发展，加快中心区人口疏解的作用。

世界各大城市市郊铁路建设状况 　　　　　　　　　　　表5-16

城市	市郊铁路总长（km）	主要通道数（条）	备注
东京	3100	18	线路长度范围只包括一都三县及茨城县南部地区，线路包括JR和私营铁路
伦敦	3070	19	整个英国东南部地区
巴黎	1629	15	包括RER铁路
纽约	1600	10	

资料来源：陆锡铭，王祥.上海大都市交通圈通勤铁路研究[Z]，2004。

三是市政设施建设迟缓。由于建设资金问题，武汉远城区的工业园区的基础设施建设也还处于建设阶段。全市80%以上的园区均未全面完成五通一平，其中远城区的绝大部分园区道路系统尚未全面建成。外围部分地区的发展还存在以资源换项目、以资源引项目的现象，其市政设施配套水平不高，许多污水未达标处理即排放至湖泊、河流等自然水体，危害生态环境。远城区给水、排水、污水处理等设施建设标准偏低，安全性不高，供应能力有待提升。

设施建设不但导致工业企业的供应不及时、不达标，而且产生的环境保护等问题还拖累了工业园区的正常运营，常常被勒令停工整顿。

7. 区域统筹协调问题

当前，区域经济一体化趋势越来越明显，以珠三角、长三角、环渤海等三大城市群和成渝都市群为代表的经济体开始在区域竞争中占据有利地位，城市仅仅依靠其自身力量已不能适应市场竞争的需要，一个城市的地位并不完全取决于它自身的经济总量，而更取决于区域的合力，是否积极参与本区域的经济联盟已成为城市发展成功与否的重要因素。湖北省提出建设"1+8"武汉城市圈，就是要以武汉为核心，整合周边城市发展资源，加快经济建设步伐，使武汉市乃至湖北省在全国区域竞争中占据一席之地。

然而，目前武汉城市圈的城市经济发展水平较低，武汉自身的经济实力也仅相当于其他三大城市群中的二级城市，辐射带动能力有待加强。武汉与其他城市之间的经济联系较为薄弱，在产业布局、环境保护、重大基础设施建设、管理政策等方面缺乏一体化发展的机制和平台，各城市仍处于各自为政、相互竞争的发展状态，甚至是貌合神离，城市圈的区域经济一体化还处于起步阶段。

作为核心城市，武汉在自身发展还不足的情况下，一方面要加大经济建设的力度，进一步强化自身力量；另一方面要通过改变相对封闭的城市结构，武汉要开放空间，主动对接周边城市，共同构建协同发展的空间平台，促进周边城市的共同发展。

5.2.2 工业经济与城市发展的机遇

1. 区域性产业梯度转移背景

在我国，因为地区资源、要素的分布很不平衡，导致经济产业发展存在南北差距、东西差距。所以，中央在促进区域经济发展上采取的是均衡发展—非均衡发展—均衡协调的模式。新中国成立初期为了缩小中国的地区差距，同时也基于国防安全考虑，中央提出大力建设西部"三线地区"，强制性地向这些地区迁移了大量的工业企业，一定程度上促进了国家区域经济呈现初级化的均衡发展趋势。改革开放之初，根据"允许一部分人、一部分地区先富起来"的决策，中央实施了以沿海地区的"珠三角"、"长三角"、"环渤海"等为重点的政策扶持性发展区域，随后中央又提出了促进中西部地区崛起和东北老工业基地改造，国家区域经济转向非均衡发展模式。

21世纪开始，学者提出要加快技术和产业向"中间技术地带"和"传统技术地带"转移。随后，中央出台了"鼓励东部地区向中西部地区进行产业转移"的政策，发布《关于支持中西部地区承接加工贸易梯度转移工作的意见》，并先后认定中西部地区的武汉、成都、西安、太原等三批共计44个城市为加工贸易梯度转移的重点接纳地。

在此基础上，中央又先后提出了中部崛起、中原城市群、皖江经济带、长吉图经济区、关中经济区、革命老区等70多个经济发展示范区，以促进全国的均衡协调和统筹发展。至此，区域经济梯度转移开始在中国全面推广和实施。

尽管如此，中部地区国家增长极的培育和崛起，仍然是关系到国家全面繁荣的关键，也是完善国家城镇空间格局从"菱形结构"向"钻石形结构"转变的重要一极，是国家城镇空间体系从"4+X"走向"5611"（即珠三角、长三角、京津冀、成渝和长江中游五大国家核心城镇群，6个战略支点城镇群和11个支撑性区域城镇群）并逐步完善的需要。

2. 武汉获得的宏观政策支持

在中央确定的中国区域经济从"非均衡发展"到"均衡发展"的战略中，武汉位居中国经济地理中心，承东启西、衔接南北，成为实现全国"共同富裕"不可绕过的门槛。2004年开始，中央的国家经济发展战略开始关注湖北、关注武汉。2004年3月，国务院的政府工作报告首次明确提出促进中部地区崛起。

2007 年 12 月国家发改委正式批准武汉城市圈为全国"两型"社会综合配套改革试验区。

近年来，有关武汉的国家战略连续出台。2009 年 12 月国务院批复同意支持东湖新技术产业开发区建设国家自主创新示范区。2010 年 11 月吴家山经济开发区获批为国家级经济技术开发区，成为武汉市第三个国家级开发区。

同时，2010 年，国务院正式批复《武汉市城市总体规划（2010—2020 年）》，确立了武汉市作为中部地区中心城市的战略地位；2013 年 3 月湖北、湖南、江西、安徽等四省就推进长江中游城市群建设进行了会商，"中四角"从构想、探索，进入全面启动和具体实践新阶段（详见图 5-8）。

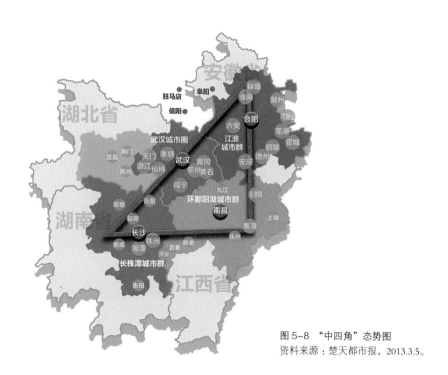

图 5-8 "中四角"态势图
资料来源：楚天都市报，2013.3.5。

3. 区位交通优势

武汉居全国"承东启西"、"汇聚南北"的十字形交会点，战略地位和区位优势非常明显（详见表 5-17）。武汉距离中国最重要的城市，如北京、天津、上海、广州、重庆、西安等城市都在 1200km 左右，在武汉周边 1500km 的范围内，汇集了中国 90% 以上的经济总量，是名副其实的中国"经济版图"中心。

相关城市按第二产业产业区位熵排序　　　　　　　表 5-17

城市	区位熵		
	第一产业	第二产业	第三产业
郑州	0.306164	0.993295	1.315663
天津	0.250685	0.974713	1.369277
南昌	0.564384	0.968774	1.240663
上海	0.102055	0.959579	1.458735
武汉	0.391781	0.854981	1.495181
重庆	1.023973	0.831801	1.253916
广州	0.215068	0.826245	1.618373
长沙	0.613699	0.811303	1.466566
北京	0.183562	0.686015	1.85241

在综合交通优势上，作为全国重要的铁路枢纽，武汉已经迈入"高铁时代"，中国重要的京九、京广、汉丹、武九等4条铁路干线交会于武汉，途经武汉的京港、沪蓉客运专线即将全线建成，武九、武西客运专线也在筹建，使武汉处于全国铁路"米"字形网络构架的中心。京港澳、沪蓉、沪渝、杭兰、福银、阿深等6条国家一级高速公路干线，以及316、318、106、107等4条国道和16条省道在武汉交会，加之长江水道优越的通航条件和优良的航运能力，使武汉成为全国少有的具备连贯南北、沟通东西的城市。同时，武汉还是全国重要的通信和信息枢纽，国家"八纵八横"的通信网络和光缆干线，其中有5条国家一级干线通过武汉，武汉电信网还是全国公用计算机互联网和公用数据多媒体通信网的八个主要节点之一。

4. 教育科技优势

人才、知识和技术是经济的腾飞基础、企业的生存之道，直接决定一个地区的创新能力、创新意识。武汉具有明显的知识技术密集优势，科教实力仅次于北京和上海，居于全国第三，科教优势使武汉具备建设全国重要的技术创新和技术扩散中心的能力。武汉还建有3个国家级高新开发区和4个高校科技园区，东湖地区还是继北京中关村之后的全国第二大智力密集区。武汉还拥有武汉大学、华中科技大学等高等院校85所（其中普通高等学校79所、成人高校6所），在校学生数118万人，分别位居全国第二和第一位，拥有1个国家实验室、24个国家重点实验室、3个国防重点实验室、4个国家工程实验室、18个国家级企业技术中心和22个国家级工程技术研究中心，拥有59名院士、45万名专业技术人员，各类科学研究与技术开发机构近700家（其中中央和省属科研所110家），居全国大城市前列。由于历史上长期重视工业发展，尤其是重型工业的发展，武汉造就和储备了一大批有技能、善创新、爱城市的蓝领工人，为武汉工业产业的深度发展奠定了坚实的劳动力基础。

从长三角、珠三角制造业类别层次看，武汉在制造业方面与苏州、上海、南京同一层级，武汉的制造业价值区段集中在技术密集型制造业（详见表5-18）。

中三角、长三角城市价值区段分布　　　　　　　　　表5-18

城市类型	城市
技术密集型制造业	苏州、上海、南京、武汉
资金密集型制造业	无锡、常州、扬州、宁波、泰州、黄石、十堰、宜昌、襄阳、鄂州、长沙、湘潭、郴州、娄底、景德镇、新余、鹰潭、上饶、湘西州
劳动密集型制造业	镇江、南通、嘉兴、湖州、绍兴、温州、金华、丽水、徐州、盐城、杭州、台州、荆门、孝感、荆州、咸宁、随州、株洲、邵阳、岳阳、益阳、永州、怀化、萍乡、宜春、抚州、吉安、衡阳、常德、张家界、南昌、九江、赣州

资料来源：中国城市规划设计研究院.武汉2049远景发展战略[Z].2013。

综合而言，武汉在区位条件、文化教育、科技研发、医疗等方面城市功能排名在前，具有领先优势，在中部地区更是处于绝对优势（详见表5-19）。

中部五省中心城市功能定位排名　　　　　　　　　表5-19

城市功能	郑州	长沙	南昌	武汉
文化中心	23	27	31	5
物流中心	27	23	31	6
科技中心	21	30	34	7
装备制造中心	13	24	31	8
金融中心	28	34	32	10
人居中心	29	35	22	10
加工制造业	41	42	27	13
会展中心	33	28	44名以后	21
旅游中心	35	41	38	24

资料来源：武汉经济研究，2009（5）。

5. 工业经济发展条件

在经济发展资源方面：一是武汉的水资源得天独厚。正常年份武汉市地表水总量为7913亿 m^3，其中本地降雨径流38亿 m^3。武汉市地表水资源量为9345.6万 m^3/km^2，大大高于全国27.5万 m^3/km^2 的平均水平。武汉拥有长江、汉江等163条河流，有东湖、梁子湖、涨渡湖、汤逊湖等166个大型湖泊，水域面积2187公顷，占市域面积的25.6%，人均淡水资源是世界平均水平的9倍、中国平均水平的39倍，为北京的71倍、上海的19倍。二是现代农业基地较好，长江水系将江汉平原、鄱阳湖平原、洞庭湖平原等三大平原相连，成为我国重要的水足粮丰的农业水产区。

三是经济腹地广阔，市场消费潜力大，劳动力资源丰富。武汉所在的中部地区土地面积 102.70 万 km²，占全国国土面积的 10.7%。近十年中部地区居民人均收入年均增长率稳定在 13% 左右，市场消费的潜力巨大。四是中部地区总人口为 3.67 亿人，占全国总人口的 28.1%，特别是湖北、湖南、江西等三省人口基数大，教育普及率高，劳动力资源丰富，劳动者素质高，奠定了工业发展基础。

在经济产业基础方面，武汉市经济实力逐步增强，即将整体进入中高收入水平，形成一定的产业基础。同时，武汉属于国家重点建设城市，建立了相对完整的大工业体系，传统产业与新兴产业兼有，劳动密集型产业、资本密集型产业及技术密集型产业共存，形成了相对完善的产业梯度，有利于武汉市开展产业结构调整或产业链条延伸。从城市主导工业在全国的地位来看，武汉占全国比重大于 1% 的行业 11 项，区位熵大于 1 的工业行业 16 项，产业水平和技术含量领先（详见表 5-20）。

中部省会城市全国占比超过 1% 的行业   表 5-20

行业	武汉（11项）	郑州（9项）	长沙（6项）	南昌（3项）	合肥（5项）
开采冶炼	其他采矿业（1.7%）	石油和天然气开采业（1.6%）、其他采矿业（1.3%）	—	—	—
原料加工	黑色金属冶炼加工（1.6%）	非金属矿物制品（4.6%）、有色金属冶炼加工（2.0%）	—	—	—
消费品制造	饮料制造（1.6%）、烟草制品（5.4%）、印刷制品（1.4%）	食品制造（1.9%）、烟草制品（1.6%）、造纸及纸制品（1.5%）、印刷制品（1.5%）	饮料制造（1.0%）、烟草制品（9.0%）、印刷制品（1.6%）、医药制造（1.1%）	烟草制品（1.6%）、印刷制品（1.7%）、医药制造（1.5%）	印刷制品（1.0%）、橡胶制品（1.1%）
机械制造	交通运输设备制造（2.6%）、电气机械及器材制造（1.0%）、通信设备、计算机及其他电子设备制造（1.1%）、仪器仪表及文化、办公用机械制造（4.2%）	专用设备制造（2.0%）	专用设备制造（5.5%）	—	专用设备制造（1.3%）、交通运输设备制造（1.1%）、电气机械及器材制造（2.1%）
能源工业	电力、热力（1.3%）、水的生产和供应（3.6%）	—	水的生产和供应（1.4%）	—	—

在空间发展平台方面，总体规划提出的"1+6"的空间布局将城市发展重点放在都市发展区，规划可建设用地面积达 1000 多平方公里，有效解决了城市发展空间不足的问题。城市总体规划确立了以主城为中心、轴向拓展的现代化大都市空间框架，并为城市生态环境保护和可持续发展奠定了良好的基础。未来几年，按照每年开通一条地铁线的速度，基本建成中心城区轨道交通骨干网络，并向远城区延伸，新建、扩建近 10 条过江通道，基本建成城市快速路网和完善的道路体系。

富裕、充足的空间发展平台将支撑工业经济和大型项目的选址落户和持续发展。

6.商业物流配套条件

良好的综合运输网络，便利、快捷的交通基础设施有力地推动了武汉物流业发展，现代物流规模持续扩大。2011年武汉市实现社会物流总额17683.06亿元，年均增长率达到31.76%，高于全国21%的平均增长水平。2009年以来，众多电商物流企业在武汉设立全国一级运营中心，看重的是武汉位于中国的地理中心，陆路交通便捷，物流成本相对较低，并且在武汉设点能有效覆盖华中地区市场。以亚马逊为例，武汉物流基地是全国一级运营中心，规模排名全国第六，主要负责华中区域，辐射湖北、河南、江西、湖南四省，它的使用将使大部分华中地区的订单缩短1~3天的配送时间。

当前，在国家提出"依托长江黄金水道，打造沿江经济支撑带"战略中，武汉依托长江和汉江，联系内陆，享有水利、电力资源和交通、航运优势，为工农业发展提供了得天独厚的条件。长江、汉江的丰富、密集、畅通的水运网，为工业、农业提供了便捷的外部交通条件；充足的优质水资源和丰富的电力资源，是武汉构建沿江工业走廊的基础条件，使其可以吸纳大量的工业企业，尤其是需水多、运量大、用能高、占地广的大型制造业和重型工业选址建设。

5.3　空间拓展模式与总体框架结构

5.3.1　经济发展模式分析

武汉未来的经济发展与国家的中长期发展息息相关。综合判断，中国经济中长期发展的总体趋势是"总量增长、速度趋缓、结构调整"以及"实体经济与虚拟经济并行、出口与内需并行"。如前所述，武汉的区位优势、人才优势、内需市场优势以及技术密集型产业优势非常明显，不输很多国家中心城市，但是武汉经济发展的动力很大程度上仍然依靠投资驱动，当前产业发展二、三产业基本相当，处于交织阶段。其表现的特征是二产总量较大，但其发展速度慢于中部地区其他省会城市，三产发展的总量与速度都高于中部地区，但三产中的生产性服务业比例还并不高。

为了研究未来产业发展模式，中国城市规划设计研究院通过案例比较发现，当前以省会为代表的中心城市发展包含两种模式：一种是以上海、广州为代表，发展历程是二、三产业交织发展到一段时间后，服务业会逐渐快速增长成为主导产业。一种是以合肥、长沙为代表，发展历程是二、三产业交织发展到一段时间后，二产又逐渐成为主导产业（详见图5-9）。

实质上，上述两种模式应该分别称之为"服务业模式"、"再工业化模式"。依据武汉当前的产业结构、投资结构与发展趋势，武汉未来的经济发展和结构演变

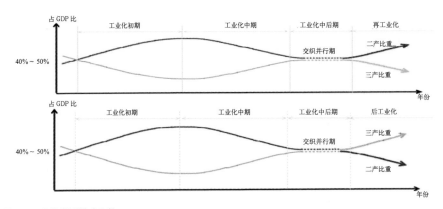

图 5-9　经济发展模式比较
资料来源：中国城市规划设计研究院 . 武汉 2049 远景发展战略 [Z]. 2013。

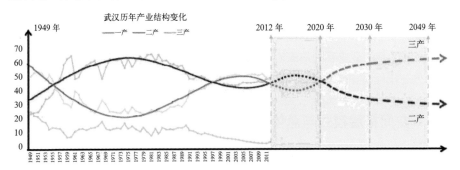

图 5-10　武汉产业发展阶段模拟
资料来源：中国城市规划设计研究院 . 武汉 2049 远景发展战略 [Z]. 2013。

呈现三个阶段，不同阶段具有不同模式（详见图 5-10）：

现在至 2020 年，第二产业与第三产业的比重交织出现：制造业得到扶持，高速发展，再工业化得到重视；第三产业发展也逐步加速，服务业开始提档升级，为武汉建设国家中心城市聚集综合实力，夯实基础，增强城市辐射力、区域影响力。

2020~2030 年，相对而言第三产业超过第二产业：因为科技优势和区域优势的转化和带动，以及在区域产业梯度转移的作用下，制造业依然发展，总量大幅提升；在制造业推动、产业转型和区域需求的影响下，第三产业飞速发展，增速超过第二产业，从而主导城市经济发展，使武汉具备国家中心城市的职能和功能，成为具有区域影响的成熟的国家中心城市。

2030~2049 年，第三产业完全主导城市经济发展：支撑和服务区域经济发展成为武汉城市发展和功能建设的主要目的，在生活型服务业得到极大满足的同时，生产性服务业得到重点发展，部分城市服务职能超越国家界线，武汉逐步向世界城市转化。

5.3.2 空间拓展模式比较

1. 集中与分散

集中和分散历来是城市空间拓展的两种不同模式。从西方发达国家城市发展的历程来看，普遍的态势是从集中走向分散，郊区化程度不断加深，尤其以美国城市表现最为显著。然而，从西方城市发展的结果来看，分散化带来了一系列严重的社会、经济和环境问题：人口和产业外迁导致城市中心区日渐衰落；犯罪率不断上升；郊区蔓延式布局，生态环境被吞噬，土地和能源严重浪费等。面对分散建设的弊端，"精明增长"、"紧凑城市"等集中建设理论应运而生。

中国人多地少，土地和能源资源极为宝贵，这种国情决定了中国城市不可能走西方城市低密度、分散式发展的道路，而应以集约发展为主，提高资源的利用效率。对武汉而言，人口和工业正进入快速扩张时期，需要大量城市空间，而城市土地资源严重不足。所以，采取集中发展符合武汉经济发展的阶段要求，符合国家建设"节约型社会"的大政方针。将主城区和与其保持密切社会经济和空间联系的外围地区共同组成"城市—区域"的整体化地域，形成集中的城市拓展空间，无疑对武汉未来的可持续发展具有重要意义。

2. 圈层与轴向

当前，城市空间结构总体而言可分为"圈层式"和"轴向式"两大类。圈层式空间结构是最基本的城市形态，城市用地相对城市中心呈向心状态，并按照功能分异，一层层向外圈状布局，通常会形成由核心区向外的"三、二、一"型产业布局形态，这种扩展模式也被称为"摊大饼"。其优点是可以就近利用城市既有的公共服务和市政基础设施，投资较省。但是当城市外摊到一定规模后，造成城市中心负荷过大，引起交通组织复杂化，环境逐渐恶化，而且新发展的地区独立性较差。

"轴向式"发展主要依托由快速交通干道、市政设施管道集合成的综合交通走廊向外拓展。轴向拓展通常采用"TOD"模式，即以轨道交通站点为依托布局功能组团。这种结构的优点是城市沿交通走廊指状延伸，而各"指"间则保留有大量自然生态空间，保证了城市建设区与生态环境之间的均衡性。

武汉建成区周边密集分布着一圈山体、湖泊、低地等自然资源（详见图5-11），而且城市空间经过一段时间的"摊大饼"式发展，增长势能有所消耗，空间发展面临着选择局部地段重点突破。特别是处于快速发展中的武汉，未来空间发展具有不可确定性，城市空间框架要保持一定的弹性和开放性。所以，保护外围自然资源，选择主要突破方向轴向拓展，将是比较切合实际的。但这种拓展模式极易使轴间的生态空间被侵蚀填占，需要有较强的控制和引导措施。

3. 主城与新城

主城既是城市经济最具活力的地区，也是城市精神高度凝聚的中心，社会化

图 5-11　武汉中心区周边建设态势

的生产服务业（商业金融、法律、咨询、广告、设计等）都集中在主城，成为城市核心竞争力的代表。国内外许多大城市都采取打造强大的中心城战略来增强城市竞争力，提升城市地位。而新城是城市新拓展的主要地区，也是城市工业经济发展和城市良好生活的聚居地，是城市最有活力、实力的地区。重点发展主城还是新城，这是很多城市规划必须考虑、研究和决策的重要内容。

　　武汉作为华中地区的中心城市，肩负带动武汉城市圈、促进中部地区崛起的战略重任，这就要求武汉必须具备强大的管理职能和控制功能，必须拥有金融、贸易、办公、信息、会展、博览、旅游等现代高端服务职能，而这只能通过打造一个强有力的中心城、增强城市整体竞争力来实现。但提升中心城功能首先必须向外疏解人口、传统工业产业，建设就业充分、环境良好、交通便捷的外围新城，使中心城与新城相对平衡，相互分工。

　　4. 竞争与合作

　　"区域城市化，城市区域化"成为城市融入区域、城市带动区域、城市依托区域的必然选择，城市经济群的崛起已经成为全球区域经济发展的主流，城市群作为区域经济合作的载体，已取代单个城市成为市场竞争的主体。以长三角、珠三角、环渤海为代表的中国城市群，依靠其雄厚的财力、丰富的资源、完善的产业链显示了极强的竞争力，已经在国内经济格局中占据有利地位。中西部地区也纷纷以建立城市经济群的方式来提升区域竞争力，拉动区域经济起飞。

而且，近十几年来国家批准大大小小、各种各样的经济示范区，可以看出中央对地方经济发展的支持，已经从支持单个城市转向支持整个区域。

面对新形势和新挑战，武汉必须加强与周边城市的合作，以便产生加倍效应，更有实力、更好地参与区域竞争。因此，武汉要用开放的眼光、合作的精神，站在更高的角度、更大的范围，审视城市发展战略，与周边各城市形成合理分工、相互协作、有机衔接的产业空间布局，整体提升城市圈经济发展。

5.3.3 空间拓展结构综合研判

1. 空间拓展的阶段划分

与农业、农村的孤立分布和分散发展不同，工业发展的本质特点就是集中和集聚。根据世界主要城市发展经验，当城市化水平大于70%时，城市化由快速大都市圈发展阶段走向都市连绵带发展阶段。2011年，武汉市城市化水平达到73%，正处于快速大都市圈发展阶段（详见图5-12）。武汉城市圈的快速融合为武汉工业经济发展提供了广阔空间和市场腹地。随着城市"退二进三"的改造、新增工业产业的集中，未来武汉的工业产业将会在城市外围进一步聚集，新的城市发展空间、新的经济产业集群将会出现。

鉴于以上原因及综合判断，在工业经济的推动下，武汉未来城市空间将既要选择在中心城外围跳跃式拓展，大力发展新城；同时，又要依托城市重要对外交通干道和产业发展轴、城镇发展走廊，进行轴向布局，这样才能充分利用道路交通的连接作用，组织工业产业链，还能保持城市空间拓展的连续性和弹性，也能充分对接区域，特别是对接武汉城市圈城镇群空间发展框架（详见图5-13）。

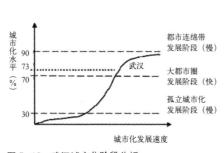

图5-12 武汉城市化阶段分析

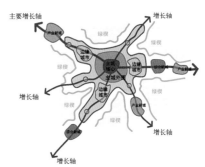

图5-13 空间扩展模型示意图

武汉未来还要根据"两型社会"建设要求，划定城市建设用地增长边界，明确城镇建设区、生态控制区，既要维持对山水等自然资源和全市域生态框架的控制和保护，又要在各城镇建设区，尤其是在新城，集中布局建设用地，适当提高建设强度，实行集约、节约发展。

根据武汉市的重要工业布局、区域发展状况和总体规划要求，将武汉建立在工业经济影响和推动下的未来城市空间拓展划分成为两个阶段（具体分析方法详见各阶段的相关章节）：

第一阶段大约在 2030 年之前。本研究判断，这个阶段有三个特征：一是工业尚处于数量（或者是规模）增长阶段；二是城市经济主要处在聚集阶段，向周边城市扩散不足；三是城市人口总体上还处在增长时期，城市规模在快速扩张。

第二阶段大约在 2030~2050 年。本研究认为，在这个阶段，经济、技术是可能预测和总体把握的，但是社会、政治、意识形态很难掌握和预计。届时，工业经济的主要影响因素是资源配置还是产业链、价值链，是后工业化主导还是再工业化主导，不易得出确切答案。所以，第二阶段，本研究重在宏观研究和愿景分析，重在判断区域城市结构、提出策划方案和空间发展思路，而不是具象的城市空间布局。

2. 未来第一阶段空间拓展判断

按照上述空间拓展思路，未来第一阶段，在工业经济的作用下，受工业经济稳步扩散影响，武汉城市空间扩展将以"近域扩展"、"顺江拓展"、"背江延伸"为主，呈现"十字形"的强劲发展态势。"十字形"的四个着力点，即阳逻北湖、吴家山走马岭、沌口常福、东湖新城，具有强大的发展后劲。将其细分为 6 个"小三角"的经济产业与城镇拓展区（详见图 5-14）。

其中，汉口地区将有可能在临空经济的带动下，沿机场路向北拓展，形成"天河—横店—盘龙"等"三角区"。

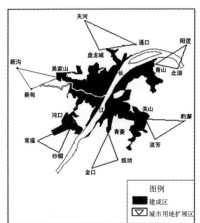

图 5-14　武汉第一阶段空间用地扩展趋势

汉江上游地区将在食品工业的带动下，沿汉江向西，在汉江两岸形成"吴家山—走马岭—蔡甸"等"三角区"。

汉阳地区将在汽车工业的带动下，沿318国道向西南，形成"沌口—常福—纱帽"等"三角区"。

长江下游地区将在重化工业的带动下，沿长江向下游，形成"青山—北湖—阳逻"等"三角区"。

武昌地区将在高新科技产业的带动下，沿光谷大道向东，形成"关山—豹澥—流芳"

等"三角区";将在教育和科研产业的带动下,沿武咸公路向南,形成"青菱—金口—纸坊"等"三角区"。

在工业产业带动下的6个"小三角"经济产业与城镇拓展区,将会决定武汉未来城市建设用地扩展和总体规划布局框架,城市逐步呈现"沿江＋垂江"的"十字形"发展（详见图5-15）。

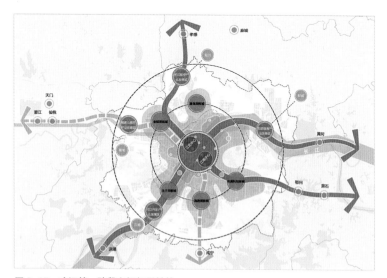

图 5-15　武汉第一阶段空间拓展结构
资料来源：中国城市规划设计研究院.武汉 2049 远景发展战略 [Z].2013。

3. 未来第二阶段空间拓展判断

在第二阶段,武汉市将建设成为与北京、上海、广州、重庆等齐名的国家中心城市,当然也是名副其实的中部中心城市,武汉对中部地区的影响力和辐射力大大加强。中部各城市,尤其是武汉城市圈各城市,对武汉的依附性非常大,城市圈甚至成为一个完整的经济主体。

此时,武汉中心城人口趋于稳定,大规模城市建设也将完成,中心城形态基本形成,进入城市功能优化,服务聚集时期。在区域,武汉城市圈基本实现了工业经济一体化、空间布局一体化、交通体系一体化、生态框架一体化。所以,在第二阶段,将在武汉城市圈范围,考虑、谋划和布局大武汉的空间框架。

从武汉城市圈城镇体系和空间布局看,为延续和落实湖北城镇体系提出的"三区三轴",武汉城市圈制定了"一核一带,三区四轴"的空间发展和布局框架。其中,"四轴"是指西北、西南、西部、东部等区域空间发展轴,以空间轴为指向,以高速公路、铁路、水运等为交通联系纽带,引导工业产业逐步集聚,形成跨行政区的城镇发展、产业拓展走廊。同时，本研究认为，在国家区域性的经济发展空间格局中，武汉与上海、重庆的经济发展互补性要高于武汉与北京、广州的互补性。也就是说武汉在东西方向经济联系将更为紧密。基于上述考虑，该阶段，以工业产业链为纽带，武汉城市圈各城市，对武汉的依附性非常大，城市圈甚至成为一个完整的经济主体。基于"区域一体"，结合武汉周边交通情况，武汉未来将选择在东部、西南、西北等三个区域实现空间拓展的大突破（详见图 5-16），如果交通条件和区域经济实力得到跨越式发展，南部地区将成为第四个空间拓展区。

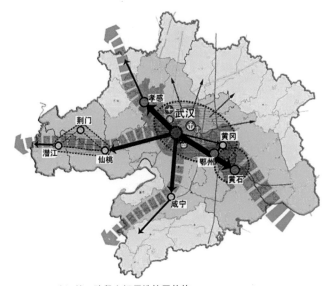

图 5-16　武汉第二阶段空间用地扩展趋势

　　其中，东向结合东湖自主创新示范区，以高新科技产业为纽带，向外辐射武汉城市圈的鄂州、黄冈、黄石等地区。

　　西南以武汉开发区为极，以汽车工业为辐射源，延伸至武汉城市圈的仙桃、荆州、洪湖等地区。

　　西北以吴家山开发区为极，以临空产业、食品加工业为辐射源，延伸至武汉城市圈的孝感、汉川等地区。

5.4　工业主导的未来第一阶段空间发展框架

　　在工业经济主导下，武汉未来第一阶段的空间拓展应该属于近域扩展，所以需要按照主导工业经济门类的聚集与发展特点，对工业企业进行布局引导，积极谋划适应工业经济发展的综合新城、经济板块，重构武汉城市空间结构。同时，通过强化道路交通、给水排水、通信网络等基础设施配套，研发、金融、会展、咨询等生产服务设施建设，医疗卫生、文化、商业等公共服务设施配备，山体、湖泊、湿地等生态资源环境保护，促进工业生产、资源要素、工业企业、人口劳动力的聚集，在市域形成若干职能分工、相互协作的重点产业功能区域，并以此支撑专业性新城发展。

从技术上，本研究采取了经济地理方面的 GIS 空间评价及分析、工业空间方面的工业产值基尼系数分析、计量经济方面的时间序列灰色系统规模分析等三个分析方法，来预测基于工业经济发展的武汉第一阶段城市空间拓展。

5.4.1　GIS 支持下的第一阶段空间发展模型分析

本研究就是利用 GIS 在矢量化、空间处理、数据库分析等方面的强大功能，以武汉历年城市用地、人口、工业经济等数据为依据，通过数学建模的方法，进行空间分布。以此为基础，对武汉市城市用地的适宜性进行评价，推断出武汉未来城市空间拓展方向、趋势，分析确定可建用地的范围和优先开发建设的次序。

首先明确影响城市空间扩展的各种要素和指标，对各项要素和指标进行量化和加权，然后从分析城市空间形态演变入手，利用 ArcGIS 的数据库建立数据层，再将各数据层叠加分析，并进行综合计算，将各项指标和综合评价指标在空间上制图，确定分析评价结果。分析和计算主要在 Windows XP Professional 平台 ArcGIS9.0、ArcView3.2 中完成。

本书基于研究结果，将影响城市建设用地拓展的因子划分为地形条件、交通设施条件、建成区、工业经济四类，共计 14 项（详见图 5-17）。

其中，地形条件、建成区是城市发展基础，且具有稳定性。交通设施条件具有支撑性，但是可以被动地随项目规划而安排。工业经济对未来城市发展具有决

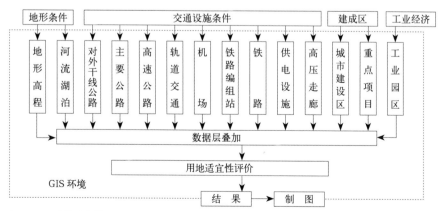

图 5-17　用地适宜性 GIS 分析流程图

定性作用，是主因子。将各评价因子按照评分等级进行等差赋值，并确定权重。用地现状和交通线对城市扩展用地的吸引力，通过对吸引中心外围建立缓冲带的办法来模拟。如以建成现状为圆心，1500m 为间距建立两个同心圆缓冲带，并从中心向外围对各缓冲带分别赋予 5 分、3 分及 1 分（详见表 5-21）。

城市用地拓展评价因子表　　　　　　　表 5-21

分　类	因　子	等　　级	分值	权重
1. 工业经济	工业园区	500m 以内	5	0.20
		500~1000m	3	
		1000m 以外	1	
2. 建成区	城市建成区	1500m 以内	5	0.12
		1500~3000m	3	
		3000m 以外	1	
	重点建设项目	1000m 以内	5	0.08
		1000~2000m	3	
		2000m 以外	1	
3. 交通设施条件	对外干线公路	600m 以内	5	0.04
		600~1200m	3	
		1200m 以外	1	
	主要公路	500m 以内	5	0.03
		500~1000m	3	
		1200m 以外	1	
	高速公路	800m 以内	5	0.06
		800~1600m	3	
		1600m 以外	1	
	铁路	1000m 以内	5	0.06
		1000~2000m	3	
		2000m 以外	1	
	轻轨	500m 以内	5	0.03
		500~1000m	3	
		1200m 以外	1	
	机场	10km 以内	5	0.06
		10~20km	3	
		20km 以外	1	
	铁路编组站	2000m 以内	5	0.05
		2000~4000m	3	
		4000m 以外	1	

续表

分　类	因　子	等　　级	分值	权重
3.交通设施条件	高压走廊	1000m 以外	5	0.06
		500~1000m	3	
		500m 以内	1	
	供电设施	1000m 以内	5	0.08
		1000~2000m	3	
		2000m 以外	1	
4.地形条件	地形高程	20~30m	5	0.15
		30m 以上	3	
		20m 以下	1	
	湖泊水库	2000m 以内	5	0.06
		2000~4000m	3	
		4000m 以外	1	
	长江汉水	20km 以内	5	0.06
		20~40km	3	
		40km 以外	1	

然后，按照下述步骤进行评价：

（1）首先按照上述 15 个因子，分类收集各因子的基础数据，对所有的因子数据进行整理进库，不满足数据库要求的资料数据需要进行数字化处理，以符合数据库的进库要求。对已有的矢量化数据可以编辑处理或者进行格式转换，以便使用。

（2）将上述整理或处理好的各项因子数据导入 ArcGIS9.0，分类建立项目数据层，对于需要建立缓冲带的因子按照表 5-21 的等级划分进行 Multiple ring buffer 操作，并为各个级别的缓冲区赋值。

（3）按照 50m×50m 将整个评价区域（即武汉市域）栅格化，作为每项单个因子评价图的底图。

（4）将各单要素数据层在栅格图上按照各因子的权重叠加，然后进行图形分析，绘制分析后的综合评价图。图中的五个等级颜色由深至浅表示用地适宜度由高到低。

（5）将综合评价图与已建设用地、水面以及基本农田进行叠加，得出可建用地，以便进行下一步用地拓展方向预测。

其中，多因子叠加计算公式如下：

$$S = f(x1,\ x2,\ x3,\ \cdots,\ xn) \tag{5-1}$$

式（5-1）中，S 代表各栅格的适宜性等级，xi 代表用于适宜性评价的一组变

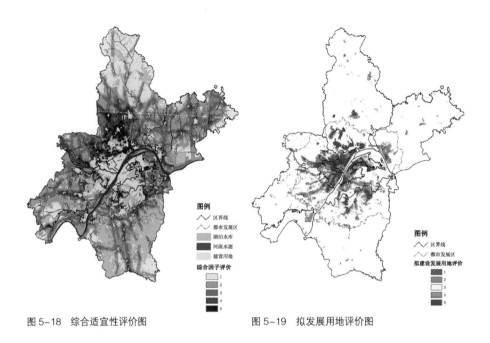

图 5-18　综合适宜性评价图　　　　图 5-19　拟发展用地评价图

量，其基本模型可以采用权重修正法，即：

$$S= \sum wi \cdot xi \qquad\qquad (5-2)$$

式（5-2）中，S 代表各栅格的适宜性等级，xi 为第 i 种评价因素的得分（无量纲），wi 为第 i 种评价因素的权重。

在 GIS 平台下，经过处理，得到市域的多因子加权叠加的综合适宜性评价图（详见图 5-18）和拟发展用地评价图（详见图 5-19）。

从评价结果看，武汉空间拓展还将延续轴向拓展态势，延伸到主城周边拓展，呈现多轴向突破的发展趋势，预计会如前文所述在主城外围形成六个"小三角"（详见图 5-13）。

5.4.2　工业产值基尼系数分析

如前所述，工业是推动城市空间拓展的主要因素，是城市发展和空间集聚的基础。城市空间聚集和发展所带来的综合效益、网络效益、市场繁荣和交易成本降低也会为产业集聚提供条件，会吸引更多的工业产业在空间上集聚，促进工业产业的规模化、集群化，增强产业聚集的凝聚力和承载力。

经过多年培养，武汉市的主导产业链和龙头企业发育良好（详见表 5-22），汽车及零部件、钢铁及深加工、电子信息等产业中，龙头企业产值占比接近 20%，呈现明显的"极化"发展态势，重点工业企业的空间聚集也比较明显（详见图 5-20）。

序号	11个主要工业产业	数量（个）	龙头企业产值占比（%）
	武汉市500个龙头企业分布情况		表5-22
1	汽车及零部件	63	19.81
2	装备制造	64	7.25
3	钢铁及深加工	45	17.27
4	电子信息	97	18.95
5	食品烟草	51	11.19
6	能源及环保	43	12.83
7	石油化工	33	6.75
8	日用轻工	31	2.09
9	建材	23	1.30
10	生物医药	26	1.52
11	纺织服装	24	1.04
	总计	500	100

为了科学地研究武汉的工业企业空间聚集情况，本书采用了工业基尼系数进行分析。工业基尼系数是一个衡量产业的空间分布均衡性的指标，基尼系数越小，说明某类产业在空间上分布越均衡；基尼系数越大，说明产业的空间集聚水平越高。以下采用工业基尼系数和区位熵分析武汉的工业产业空间聚集情况：

$$G = 1 + \Sigma Y_i P_i - 2\Sigma(\Sigma P_i)' Y_i$$

其中，G 代表基尼系数，Y_i 代表分行业总产值的比例，P_i 代表分行业

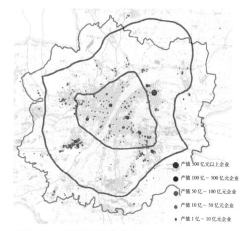

图5-20 武汉大型企业分布图

企业总数的比重，$(\Sigma P_i)'$ 表示累计到第 i 组的企业总数占全部企业数的比重。

$$LQ = (fa/f0) / (FA/F0)$$

其中，LQ 代表区位熵，fa 代表某区分行业增加值，$f0$ 代表某区全部增加值，FA 代表全市分行业增加值，$F0$ 代表全市全部增加值。

通过分析可知，武汉市已经有汽车及零部件、电子信息、钢铁及深加工、石油化工、食品烟草、能源及环保等6个工业产业出现明显的空间聚集态势（详见图5-21）。

其中，汽车及零部件产业主要集中于武汉开发区—常福—汉南等西南地区，

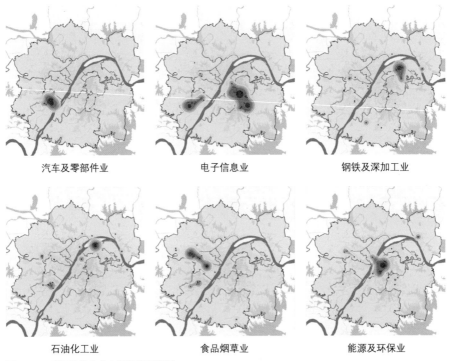

汽车及零部件业　　　　　　电子信息业　　　　　　钢铁及深加工业

石油化工业　　　　　　　　食品烟草业　　　　　　能源及环保业

图 5-21　武汉各类产业空间聚集示意图
资料来源：林建伟，冯国芳等.武汉市四大工业板块规划 [Z]. 2012。

电子信息产业主要集中于东湖开发区—洪山—江夏等东部地区，钢铁及深加工产业主要集中于青山—阳逻等东北部地区，石油化工产业主要集中于青山等东北部地区，食品烟草产业主要集中于东西湖—黄金口等西部地区，能源及环保产业主要集中于阳逻—青山—洪山等东北部地区。

从全市现状工业用地分布看，现状 165km² 的工业用地，主要分布在三环线周边地区，基本形成了东湖开发区、武汉开发区、吴家山开发区、青山—阳逻工业区等四大工业聚集区，总用地 74.3km²，约占全市工业用地的 45%。

未来在主导工业产业和核心工业企业的带动下，将会在武汉的光谷地区、沌口地区、阳逻地区、天河机场附近，形成四大工业经济板块。根据各板块的区位、产业门类，将四大板块分别命名为"大光谷板块"、"武汉车城板块"、"重装制造板块"、"临空经济板块"（详见图 5-22）。

其中，"大光谷板块"进一步强化光电子生产、生物医药、现代装备制造、能源环保及新材料等高技术产业集群。

"武汉车城板块"以整车装备制造为主导产业，以零部件生产、电子信息为配

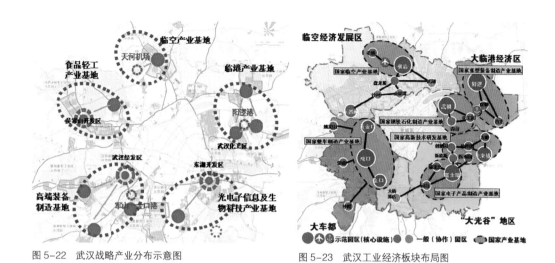

图 5-22　武汉战略产业分布示意图　　　　　　图 5-23　武汉工业经济板块布局图

套产业，进一步壮大延伸汽车及零部件产业集群。

"重装制造板块"强化"产钢—用钢"的钢铁及深加工、石油化工等运输量较大、对时效要求不太高的重化产业集群。

"临空经济板块"进一步强化临空装备制造、新能源新材料等时效要求较高、运量需求较小的产业集群。

各大板块在空间上围绕国家产业基地，形成核心园区、配套园区、协作园区等梯次融合的产业布局（详见图 5-23）。

5.4.3　基于时间序列灰色系统的规模分析

城市经济系统是一个典型的灰色系统——既含有已知的确定信息，又含有未知的不确定信息的系统。国民生产总值（GDP）作为综合衡量城市整体经济水平的指标，其影响因素是复杂多样的，因此可以用灰色系统理论对 GDP 增长情况进行预测。

记 1996~2010 年各年 GDP 量的原始时间序列为：

$$\hat{X}^{(1)}_{(k)} = (X^{(1)}_{(0)} - \frac{u}{a})e^{-a(k-1)} + \frac{u}{a} \quad (a=-0.1017 \quad u=772.71)$$

$$\hat{X}^{(0)}_{(k)} = \hat{X}^{(1)}_{(k)} - \hat{X}^{(1)}_{(k-1)}$$

式中 $\hat{X}^{(0)}_{(k)}$ 即为第 K 年的预测量。

从预测模型计算得到的 2010 年武汉市 GDP 为 5320 亿元，而 2010 年武汉实际 GDP 总量为 5515 亿元，预测误差为 -3.7%，在可接受范围之内，故此模型可以用来预测。

据此模型预测 2010、2015、2020 年相应的 GDP 总量分别为 5320 亿、10820 亿、21050 亿元。根据武汉 GDP 与城市规模回归分析，对应的城市规模为：到 2020 年为 1220km²。

5.4.4　工业经济驱动的第一阶段城市空间布局

根据武汉市工业用地布局原则，未来工业将"相对聚集、分层布局"，即城市从外向内依次按照重点发展区、控制发展区、严格限制区，划分为三个层次指导工业布局。其中，二环线以内地区是工业严格限制区，不得新建工业企业，改造既有传统工业，实施"退二进三"；二环线至三环线之间是工业控制发展区，要控制工业企业发展，因地制宜地发展既有的都市型工业园，外迁污染性工业；三环线以外至外环线附近为工业重点发展区，按照工业门类，聚集发展大型工业产业集群。

根据上述用地综合研判和城市总体规划布局原则，在全市工业用地的重组、外迁的推动下，城市空间将避开山体、湖泊资源，沿主要的出城交通干道，实现局部突破，选择在 6 个"小三角"区域形成专业不同、特色各异的 6 个综合性新城（详见图 5-24）。

各新城是武汉未来工业化和城镇化发展的重点地区，赋予新城强劲的发展动力，重点布局工业、居住、对外交通、仓储等功能，以产业发展为先导、以轨道建设为支撑、以中心服务区为依托、以生态保护为基础，促进规模化城市建设向新城集中、大运量公共交通向城镇发展轴集中、工业用地向工业园区集中、高品

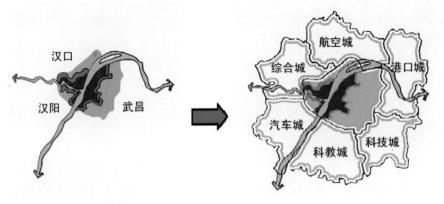

图 5-24　未来武汉空间演变图

图 5-25　武汉六大综合新城示意图

质公共服务中心向轨道站点集中，增强集聚度，提升吸引力，成为具有相对独立性、综合配套完善、职住平衡的功能新区。

因为各新城均在三环以外，位于武汉市远城区，所以新城不仅是武汉中心城人口疏散、功能扩散和工业外迁的接纳之地，也是远城区农村城市化人口和新的工业经济发展的聚集之地。

在 6 个新城与中心城之间，分别依托轨道交通和区域性交通干道所组成的复合型交通走廊，构建 6 条城市空间发展轴，各新城之间以大东湖、武湖、府河、汤逊湖、青菱湖、后官湖等楔形生态绿地和开敞空间相隔离，交通走廊和生态绿楔共同构建以交通为导向的、有机拓展的"轴向 + 放射"的开放式城市空间结构（详见图 5-25）。

5.5　工业主导的未来第二阶段空间发展框架

5.5.1　中长期国家空间发展趋势分析

党的十六届三中全会提出了统筹城乡发展、统筹区域发展、统筹经济社会发展、统筹人与自然和谐发展、统筹国内发展和对外开放等"五个统筹"的国家发展新目标，"五个统筹"蕴涵着全面、协调、均衡、可持续和人的全面发展的理念。

在此目标指引下，国家的发展战略也相应出现了调整：国家的需求导向从单一依赖外部市场转向内需和外需双导向；国家的开放格局也从沿海开放转向沿海、内陆全面深化的改革开放；国家的经济重心从沿海化转向东中西部协调发展，从中心城市转向以城镇群为核心的区域协调发展，从关注经济增长的速度和规模转向关注增长的质量内涵，提出了区域协调、城乡统筹、建设"两型"社会等新要求。在此背景下，国家空间发展战略正在从沿海地区、非均衡发展态势逐渐向内陆地区、相对均衡发展态势进行梯度转移，国家需要在中部地区找到核心城市和重点城镇群，成为"中部崛起"和区域协调发展的战略支点。武汉作为中三角地区的中心城市，有条件在经济发展、人口集聚方面承担重任。

根据中国城市规划研究院的研究，以武汉为视点，分析中国区域经济和空间关系，武汉与区域的经济、交通联系在空间尺度上表现为"强—弱—强"特征，即远距离强、中距离弱、近距离强的态势。武汉与长三角、珠三角、京津冀的联系较强而且联系强度相对均衡，这反映武汉在国家中心体系中具有一定的地位与影响力。同时，武汉与省域内各城市的联系也较强，也反映了武汉在湖北省域内的中心地位。但武汉与中部地区其他城市的联系整体较弱，其中相对较强的是长沙、南昌，相对较弱的是郑州、合肥，这反映了武汉与长沙、南昌等城市构筑的"中三角"已具雏形。从区域经济联系的角度也说明，武汉的发展目标、发展视野、发展空间必然也正在突破武汉市域版图范围，在逐步建立区域性的经济与空间合作关系。

根据以上背景和分析可知，在工业经济的推动下，武汉未来第二阶段必然以武汉这个国家中心城市为核心，在武汉城市圈范围内，重新布局工业产业链、城镇结构，谋划与其他经济区、城市群的竞争与合作。

5.5.2　中国城市群建设存在问题和发展思路

城市群是区域性产业关联和城市互补的群体概念，城市群一般是以中心城市为龙头，以产业辐射和关联为纽带，以产业链延伸为通道，以物流、人流、资金流、科技流为内容的城市组合群体。国际经验表明，城市群建设是工业化和工业文明高度发展的产物，与城市及区域工业化升级、产业集中化发展密切相关。我国各地已经把建设城市群作为城市发展的最重要平台，国家也把支持城市群建设作为支持地方经济发展的重要手段。但是任何城市群的建设都必须符合经济发展和产业布局的客观要求，处理不当可能导致经济发展与产业发展失衡。所以，城市群建设需把握：

（1）要客观认识区域产业发展现状，科学开展产业布局和分工。特别是政府引导或政府干预形成的城市群，其城市职能分工难以步调一致，中心城市与紧密层、松散层城市的分工不对等，产业布局难以改变现实结构，外围城市缺少主动发展的动力。产业布局的雷同和互斥，带来的将是内部经济的此消彼长，或者是相互排斥，降低了区域内的整体竞争力。

（2）要充分考虑城市群发展速度与工业化、城市化、服务业的匹配关系。城市群的建设，需科学地认识该区域工业化的进程、工业化进程所处的阶段，要结合我国工业超高速发展、GDP超高速增长的现状，综合判定工业化对城市化及城市群体发展的要求，判定城市化或城市群体对工业化增长的承载能力，科学地处理好城市化率与工业化率的关系。

（3）要提高生产性服务业对城市群建设的作用。我国工业化的发展已进入必须依靠新型服务业实现升级的阶段，工业的升级和产业的细分中，需要为生产服务的辅助体系，主要是生产型服务业，要逐步实现专业化、流程化、信息化和智能化，包括运输、仓储、物流配送、产品检验防疫、法律与会计支持、财务和金融结算中心、劳动力市场、广告与策划等。所以，城市作为工业化的载体，其生产型服务业的建立尤为重要，生产型服务业远比单一城市更容易做到科学布局和分工。

5.5.3 武汉城市圈面临"双统筹"任务

武汉城市圈位于湖北东部，江汉平原东缘，为大别山、幕阜山所夹，包括武汉及周边的鄂州、黄石、黄冈、孝感、咸宁、仙桃、天门、潜江等9个城市，就是通俗所说的"1+8"城市圈。9个行政区面积5.78万 km²，2008年户籍人口3131万人，城镇化率为55.6%。9市下辖7个县级市、19个区、15个县，共计444个城镇。从城市群体发展上看，武汉城市圈正处于首位度较高的中心型发展阶段，从城镇间的联系看，处于不发达的过渡阶段。其特征：

一是武汉城市圈发展极不平衡。武汉"一城独大"，2002~2008年的6年间城市圈GDP首位度从4.1上升到6.6，而其他8个城市GDP之和仅为武汉的77.5%，缺乏有足够实力的下级城市支撑，在中部三大城市群中也是最高的（详见表5-23）。

中部三大城市群2008年城市首位度比较情况（亿元）　　　表5-23

城市群	城市	地区生产总值	工业企业增加值	固定资产投资	社会零售总额	财政一般收入	实际利用外资	进出口总额
长株潭	长沙	3.30	2.14	4.56	4.18	4.40	6.00	4.50
中原城市群	郑州	1.56	1.42	1.56	2.09	2.23	1.56	2.27
武汉城市圈	武汉	6.59	9.82	5.99	6.55	10.58	19.25	25.27

二是武汉与周边城市并不存在必然的经济或行政联系，周边城市自主发展，并没有受到武汉中心的明显支配，也没有对武汉市有强烈的依赖性，行政分割严重、产业同质性强、区域协调性差，尚未形成完整的区域经济板块。

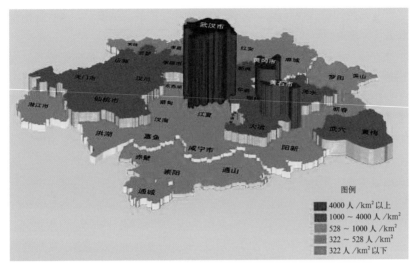

图例
■ 4000 人 /km² 以上
■ 1000 ~ 4000 人 /km²
■ 528 ~ 1000 人 /km²
■ 322 ~ 528 人 /km²
■ 322 人 /km² 以下

图 5-26　武汉城市圈人口密度分布图

三是武汉城市圈呈现明显的城乡二元结构，存在"灯下黑"问题，圈内的城镇居民人均可支配收入和农村居民人均纯收入的差距持续拉大，城乡融合和协调的矛盾还比较突出（详见图 5-26）。

作为"一城独大"、首位度较高的经济区域，武汉城市圈必须按照"城乡统筹"的规划理念和发展模式，强化中心城市的辐射带动功能和"中心极效应"，同时又要按照"区域统筹"的规划理念和发展模式，利用集聚扩散功能，通过经济产业、科学技术、信息服务的扩散效应，辐射带动周边城市，实现区域城市群的整体发展、共同进步。

所以，武汉城市圈要按照"城乡统筹"和"区域统筹"等"双统筹"的思想，进行整体发展策划，既要借鉴中心城市理论，培育核心城市，并使之成为区域经济的凝聚核心和调控枢纽，成为城市圈的技术、资金、信息、人才的辐射源和集散地；又要按照聚集扩散理论，构筑"中心—放射式"空间结构，通过基础设施的对接、经济产业的合作、市场体系的建设、城镇体系的构建、环境生态的协调，实现各城市的和谐发展。

从工业经济发展和城市空间拓展而言，"双统筹"的主要内容：一是强化核心城市，提高核心城市控制力、影响力和开放度，成为名副其实的国家中心城市；二是极化城镇空间，构建城镇连绵带和城镇密集区，构建区域性城镇发展、产业拓展廊道；三是统筹产业布局，要依托两条国家一级经济发展带，强化和集聚本区域的产业发展区和综合性工业城镇，活跃各经济主体，最终实现城市圈的区域统筹发展。

5.5.4 第二阶段空间发展基本判断

尽管，本轮《武汉市城市总体规划（2010—2020年）》提出了1个主城、6个新城组群的空间结构，但是从2006年至今的6~7年的建设实践来看，这种布局过于理想：一是主城过大，不但版图面积是其他各新城组群的10倍左右，而且主城功能以服务业为主，比其他任何以工业为主的综合组群都要重要，主城与新城组群极不匹配。二是长江与汉水的阻隔作用远比六个绿楔强，所以主城区不可能是"一城独大"，三镇不可能是一个整体，"武汉三镇"应该是三个空间单元、三个独立部分。从这一点看，"三镇三城"的提法是有一定道理的。三是六个新城组群距离主城太近，有的甚至紧贴主城发展，所以它们依然不是真正的"新城"，更不能称其为"卫星城"。中西方成熟的新城、卫星城一般距离母城在50km左右，距离太近只能算作是"外围综合组团"。当时称其为"新城"，是因为武汉的行政版图实在太小，"拉不开架势"。

为了准确判断城市发展方向，在武汉城市圈的区域范围（详见图5-27），以武汉为中心，对武汉外围四个方向进行发展条件评估分析。评估采用了现状建设规模（总量和均值）、经济和产业、人力资源、用水用地条件、区域交通、区位、区域承载力、生态环境条件等8个方面18项因子的统计数据，建立数字模型和数据库进行评估分析：

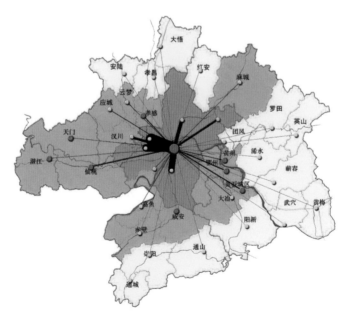

图5-27 武汉城市圈行政区划及经济关系

$$U=\sum Wj \cdot xij$$

式中，Wj 为第 j 种因子权重；xij 第 i 个城市第 j 个因子指标；U 值越大，说明该城市发展条件越优。

结合崔功豪、魏清泉等著的《区域分析与规划》的有关数据，并采取特尔菲法—层次分析法，对其中的用水用地条件、交通条件、区位条件、区域承载力、生态环境条件等因子进行专家分级评定和数据化处理，最后得到各个方向上的发展评价总值（详见表5-24）和各城市联系强度（详见表5-25）。

武汉周边各方向发展条件综合评价　　表 5-24

区域方向	总规模	人均指标	经济和产业	区位条件	交通条件	人力资源	用水用地条件	生态环境条件	区域承载力	总值
东向	6.05	8.92	12.91	5.00	6.00	3.06	8.00	6.00	5.00	60.94
南向	2.08	6.94	3.00	5.00	4.00	0.64	5.00	10.00	4.00	40.67
西向	2.08	11.11	5.20	4.00	5.00	1.09	5.00	6.00	4.00	43.47
北向	2.54	9.07	5.47	4.00	4.00	1.91	3.00	8.00	4.00	42.00

武汉城市圈内部联系强度分析　　表 5-25

序号	联系强度	县、市、区的名称
1	核心圈层	蔡甸区、江夏区、黄陂区、汉川市、新洲区
2	紧密圈层	仙桃市、鄂州市、黄石市、孝感市、大冶市、应城市、黄冈市、天门市、云梦县、潜江市、麻城市、嘉鱼县、咸宁市、赤壁市、安陆市
3	影响圈层	团风县、孝昌县、阳新县、浠水县、红安县、蕲春县、大悟县、武穴市、黄梅县、通山县、罗田县、通城县、英山县、崇阳县

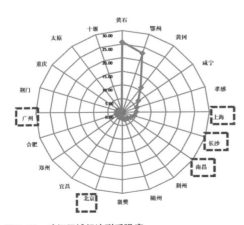

图 5-28　武汉区域经济联系强度

从结果看，武汉在武汉城市圈范围内，其东向在 9 个因素中有 7 项是第一，特别是现状规模和经济产业远远超过其他几个方向（详见图 5-28）。从单因素看，南向在生态环境条件、区位条件方面比较突出；西向在人均指标方面比较突出。同时，东向和向南的空间拓展，正好与沪蓉高速走向吻合，有明显的交通导向性。所以，武鄂黄一线既是武汉与上海联系的基础，也是联系昌九城市带的走廊，更是武汉城市圈现状经济最密集、发展潜力最大的地区。

所以，基于三个方面考虑：一是以工业产业为主推力，即依然大力发展工业化，以工业化引领城镇化。二是区域发展"双统筹"，即避开行政区范围的桎梏。三是经过上述评估结果。依此对武汉市未来第二阶段（2030~2050年）进行综合的分析判断，武汉未来城市空间布局将最有可能会出现"2+2"、"3+6+3"、"3+4+3"等三种空间发展结构。

5.5.5 第二阶段"2+2"带状空间框架

构想"2+2"空间发展框架的依据：一是鉴于未来武汉东西向与上海、重庆在经济发展的技术、资金、资源、劳动力上更具有互补性，而南北向与长沙、郑州的经济发展同质性太强，具有很强的竞争性，所以通过武汉的两条国家一级经济发展带中，沿长江带将比沿京广带更有发展前景（目前的发展态势已经表明）；二是湖北省构建了以武汉为中心的武鄂黄、汉孝襄、汉荆宜三条经济与城镇发展轴，其中在武汉周边近邻地区武鄂黄、汉孝襄两轴城镇更为密集、经济联系更为强劲；三是武汉三镇中，汉口与汉阳的城市功能职能和土地空间的互补性强、汉水的阻隔小于长江，汉口、汉阳的空间和功能关系更为紧密。

因此，判断未来武汉将以长江为界，形成江北（汉口、汉阳）、江南（武昌、青山）等2城，在武汉外围形成鄂州—黄冈、孝感—汉川等2城，构成"2+2"的带状空间发展框架，两两以长江为界、以汉水和东西山系为轴，隔江鼎立、对称布局、一线相穿、带状延展。前二者为主城，后二者为新城，主城与新城距离为50km左右，之间以农田水域、生态绿带相隔，现有武汉主城交通要破环成带，构造南、中、北等三条平行的快速交通走廊，在华容建设第二机场（详见图5-29）。

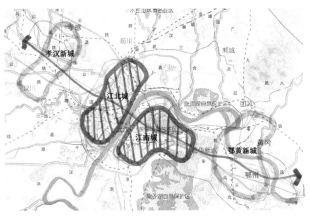

图5-29 武汉第二阶段"2+2"空间框架

其中，江北城包括汉口、汉阳、吴家山、蔡甸、常福、盘龙城、天河、横店等组团，人口规模为450万人，产业门类以临空产业、汽车制造工业为主；江南城包括武昌、青山、关山、纸坊、阳逻、北湖等组团，人口规模为400万人，产业门类以教育科技产业、光电制造、重型装备制造工业为主；孝汉新城包括孝感、汉川、新沟、走马岭、孝感临空区等组团，人口规模为200万人，产业门类以食品工业、服装加工、机电制造为主；鄂黄新城包括鄂州、黄冈、团风、葛店、华容等组团，人口规模为200万人，产业门类以化学工业、船舶制造为主。

5.5.6 第二阶段"3+6+3"轴状空间框架

构想"3+6+3"空间发展框架的依据：一是武汉三镇为三个相对独立的"城市"；二是延续城市总体规划提出的六大新城组群的思路，作为6个外围工业居住综合组团；三是根据湖北省三条发展轴的总体构思，在上述"2+2"方案的两个新城的基础上，增加永安新城，将仙桃纳入永安新城。将孝汉新城缩小为孝感、汉川、孝感临空区，鄂黄新城范围保持不变。因此，武汉未来有汉口、汉阳、武昌等3个主城，沿阳逻、盘龙、吴家山、常福、纸坊、豹澥等六个方向构筑东部、北部、西部、西南、南部、东南等6个综合组团，外围形成鄂黄、孝汉、永安等3个新城，总体形成"3+6+3"的放射型轴状城市空间发展框架（详见图5-30）。

其中，汉口、汉阳、武昌等3个主城以发展现代服务业为主，多中心布局，尽量减少跨江交通，人口规模分别为200万、100万、200万人。产业方面实施差异化发展：汉口重点发展服务中部、面向全国的金融贸易和商业服务职能，汉阳重点发展先进制造业、会展博览、文化旅游、生态居住等职能，武昌重点发展科教文化、高新技术、金融商务和省级行政中心职能。6个综合组团重点发展工业产

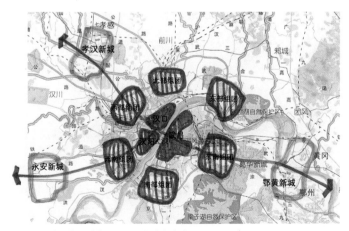

图5-30 武汉第二阶段"3+6+3"空间框架

业,配套居住功能,尽量实现职住平衡。各综合组团人口规模在 60 万~90 万人之间,总人口约 500 万人。鄂黄、孝汉、永安等 3 个外围新城是武汉未来主城区工业产业外迁和辐射的主要接纳地及向城市圈外围各城市转移的平台。各新城人口规模在 100 万~150 万人之间,总人口约 400 万人。

5.5.7 第二阶段"3+4+3"圈层式空间框架

构想"3+4+3"空间发展框架的依据:一是完全由工业产业主导新城发展。二是武汉继续支持发展 4 个经济板块,即大光谷地区、武汉车城、临空经济区、重装基地板块,以工业产业链为主,避开远城区行政管理,来组织新城组群的空间布局。三是弱化行政辖区的概念,以工业产业链为纽带,来组织新城组群的空间布局。那么将上述"3+6+3"空间发展框架中的 6 个综合组团修改为 4 个经济板块,形成"3+4+3"的圈层式空间框架(详见图 5-31)。

其中,大光谷地区包含关山、纸坊、流芳等功能组团,人口规模为 200 万人;武汉车城包含沌口、军山、常福、蔡甸、金口等功能组团,人口规模为 200 万人;临空经济区包含天河、横店、盘龙城、吴家山等地区,人口规模为 150 万人;重装基地板块包含阳逻、北湖、古龙、左岭等功能组团,人口规模为 150 万人。各大产业板块依托区域性交通干道和轨道交通组成的复合型交通走廊,强化产业聚集和龙头企业培育,围绕 1~2 个主导产业,促进产业规模化和专门化,带动 1~2 个大型工业示范园区,辐射其他一般工业园区的工业结构体系。外围鄂黄、孝汉、永安等 3 个新城依然保持 400 万人的规模。

因为 4 个产业板块与内部的 3 个主城、外围的 3 个新城没有直接的空间组织关系,各自形成完整的体系,所以在城市空间功能结构上形成圈层式结构。

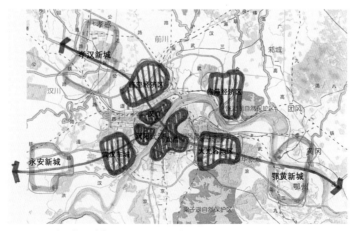

图 5-31 武汉第二阶段"3+4+3"空间框架

6

各工业产业主导武汉空间拓展分析

工业经济阶段性增长推动了城市空间跳跃式拓展，在宏观上对城市整体规划布局，甚至是区域城市体系结构产生了决定性的影响。同时，各工业产业在不同的发展阶段、不同的地域范围，会呈现不同的作用规律。以武汉为例，在中观层面，分析未来各工业产业发展趋势，以及城市空间演变的特征。

6.1 创新科技产业与东湖示范区

6.1.1 高科技产业园基本特征

从 20 世纪 50 年代初美国斯坦福大学创建世界第一个科学研究园区硅谷开始，据不完全统计，目前全世界 90 多个国家和地区共创办具有一定规模的科技园区 400 多个，如美国波士顿 128 公路、英国剑桥科学园、日本筑波、中国台湾新竹、韩国大德、美国北卡三角区、奥斯汀等。这些高科技园区与其所在的城市和地区或相对独立、或紧密联系，构成了从发达国家到发展中国家城镇体系和城市形态的有机组成部分，既具有一般性的城市建设特征，又具有高科技产业集中区的特殊城市形态特征。

高科技产业区的发展是依托当地的高等院校和科研机构提供的高素质劳动力、技术专家或技术成果等，通过生产经营的企业在市场竞争中的分工与协作进行创新与发展。它具有高投资、高风险、高附加值、高收益等特点，所以这些高技术区域往往是一个国家乃至世界范围内技术创新的发动机，领导着世界技术进步的潮流，显示出强大的生命力与竞争力。

按照形成与创新机制的不同，高科技产业区分为两类：一种是"自上而下"的靠政府的规划或政策诱导而建设形成的高技术区域；另一种是"自下而上"而形成的，主要是靠企业或高等院校和科研机构先期的研发活动及商业化过程，自发组织并得到政府帮助而迅速发展起来的。综合国内外学者的研究，成功的高科技产业区都具有产业集群的特征。

6.1.2 高科技产业园发展经验

硅谷位于美国加州北部距旧金山约 50 多英里的圣何塞城，约 48km 长、16km 宽的狭长地带，依托斯坦福大学、加州大学伯克利分校、加州圣何塞大学等高校，集教育、研发、生产、销售于一体。硅谷聚集了大量的民间风险投资和综合性的产业配置，将科学研究和经济发展以一种最直接的方式联系到了一起，能迅速有效地将高校科研成果转化成为企业的产品和直接的生产力，以先进科技的发展和产品的生产推动经济快速发展，同时也对科学研究和开发带来了丰厚的回报，促进科学研究不断深入，形成了良性循环，产业结构调整和升级的能力极强。但是，硅谷在经历了高度城市化之后，由于原先没有经过区域性统一的总体规划，已经出现了由于交通拥挤、工业和居住空间隔离、土地资源奇缺所带来的地价房价飞涨、地下水和环境遭到严重污染、分阶层居住造成高犯罪等问题。

中国台湾新竹科技工业园坐落在台北南 70km、新竹西 6km 处。工业园区由台湾行政当局规划建设，于 1980 年基本建成。科技园占地 21km²，包括工业区、居住区、研究区以及公用设施。园区有 2 所岛内著名大学——清华大学和交通大学以及 1 个政府研究机构——台湾工业技术研究院（是中国台湾科技业发展的先驱），拥有 200 家公司和 40000 名工程师和技术工人。新竹科技工业园的建设，既对新竹地方传统产业产生"竞争—排挤"效果或极化效果，促进了本地产业升级，同时由于技术外溢与产业关联效果，促使了区域产业功能重组，临近科学园区的新竹工业区成为 20 世纪 90 年代后新兴工业的投资重点，并在空间上呈现向外辐射扩散的趋势，区内外企业建立了外包、加工等合作关系。新竹已经成为一个真正的高技术产品制造中心，在中国台湾工业转型中充当了重要的角色。

6.1.3 武汉东湖创新示范区发展目标

2009 年 12 月 8 日，国务院批准建设武汉东湖国家自主创新示范区。建设东湖国家自主创新示范区，有利于更好地发挥东湖高新区科技智力密集的优势，探索完善国家自主创新体系建设的体制机制；有利于加快推进"两型社会"建设，促进产业结构升级和发展方式转变；有利于国家中部崛起战略的实施，促进区域经济协调发展；有利于增强我国光电子等特色产业的国际竞争力，实施国家自主创新战略。

东湖自主创新区是我国仅次于北京中关村的全国第二大智力密集区，智力资源和科技资源十分丰富，区内聚集了 40 多所高校，拥有中央和省属科研院所 56 家，"两院"院士 54 人，在校大学生 80 余万人，拥有 1 个国家实验室、13 个国家重点实验室、14 个国家工程（技术）研究中心、8 个国家级企业技术中心、37 个省级重点实验室和工程研究中心。开发区内有科研人员 5.2 万人（其中研究与开发人员 3.4 万人)，拥有理工类大学以上从业人员 6.6 万人。东湖开发区在光通信、生物工程、激光、微电子技术、农药学、地质及地质资源和新型材料等领域的科技开发实力处于全国领先地位。东湖开发区版图面积达 518km²，区内分布有东湖、南湖、汤逊湖、梁子湖、严西湖、严东湖等 20 多个湖泊和珞珈山、南望山、喻家山、马鞍山、九峰山、宝盖峰等 30 多座山峰，有马鞍山国家森林公园、九峰山国家森林公园以及东湖、磨山、梁子湖、龙泉山等著名风景区，水域、山体面积占总面积的 22%，青山绿水，气候宜人。

东湖自主创新区的发展目标是，用 10 年左右的时间，在东湖高新区培养集聚一批优秀创新人才（特别是产业领军人才），着力研发和转化一批国际领先的科技成果，做强做大一批具有全球影响力的创新型企业，培育一批国际知名品牌，全面提高东湖高新区的自主创新和辐射带动能力，使之成为国内一流、国际知名的科技发展试验区、先进产业聚集区、自主创新示范区、改革开放先行区，成为国家重要的综合性高技术产业基地，并给具有一定产业和技术基础的中西部城市以示范作用。

6.1.4　武汉东湖示范区发展规划

科学布局城市空间结构，合理划分功能区域，布局生产用地、生活用地、生态用地，形成"产城一体、复合发展"的城市形态（详见图 6-1）。根据示范区的区域辐射职能和高科技产业空间延伸特点，建议示范区规划布局形成"一带三区"结构。即，从关山地区沿光谷大道向东，形成高新产业发展聚集带，成为示范区的"脊梁"和空间支柱。聚集带以北的花山、严东湖、严西湖地区是生活服务区，聚集带以南的龙泉山地区是科研孵化区，牛山湖及以南地区是高档生活服务区。这一空间结构的优点是："一带"与"三区"之间既可以平行、可持续地向东延伸，对接和带动鄂州地区经济产业发展，两者也可以相互横向联系、实现小区域职住平衡（详见图 6-2）。这样就倡导了一种功能混合的组团式空间布局模式，每个组

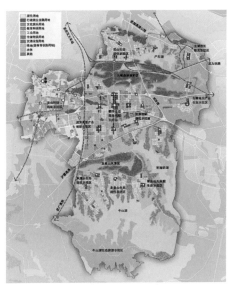

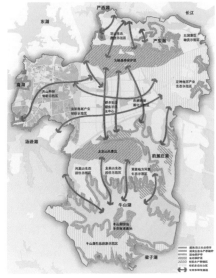

图 6-1　东湖示范区空间发展示意图
资料来源：[英] 大卫·洛克 . 武汉东湖示范区总体规划方案 [Z]. 2010。

图 6-2　东湖示范区空间结构图

团都能实现产、学、研、居、服等五种功能的混合，逐步形成若干既有主导功能、特色鲜明，又能兼备完善配套环境和多元化功能、相对独立的混合组团，并结合道路交通系统，共同构成一种灵活、高效、多元、兼容的园区空间布局。

要提高土地使用的节约、集约程度，以"集约用地，集聚产业"为指导，引导人口和产业向空间主骨架集中，形成示范区空间发展的极核效应和通道效应，实现整个区域的高效、有序、可持续发展。对未来入驻企业要有总体规划，以形成企业之间高效、合理的联系和分工；示范区的土地、厂房资源应向本土自主创新型企业、研发中心、大学产业化基地倾斜，占用土地厂房资源较大、工业增加值较小的生产加工类企业不得入驻。

充分利用现有国家重点实验室、国家工程实验室、大型科研设备，整合形成面向企业开放的技术创新服务平台。加快建设一批国际化、高水平的新型研究机构，建议在数字装备、电动汽车、光纤传感、网络接入等领域新建一批国家级科研机构。大力支持武汉生物研究院、新能源研究院和循环经济研究院，开展相关领域共性技术和关键技术的研发、技术转移和成果转化。整合创新资源，新组建一批新兴产业研究院。

提供国际化产业孵化功能，产业孵化器既应面向示范区内部服务，也应帮助内部企业走出去，帮助国外企业走进来，帮助与适合的合作伙伴牵线搭桥，使大学与企业、企业与企业开展横向联系，大学向企业提供研究成果、研究设施甚至研究人才，企业向大学提供资金和需求信息。同时，园区内企业之间在技术开发和项目交流方面相互合作，同行企业建立横向网络组织，加强信息传递和经验交流等。

鼓励社会资本投资建设公共技术服务平台，提升平台服务能力。完善区域创新体系，营造良好的创新创业环境，培育科技型中小企业，培养优秀企业家。鼓励公共技术服务平台对区内创新企业开放，提供仪器设备、科学数据、科技文献等资源共享服务，提供试验验证、测试考评、开发设计科技成果转化等检测研发服务，以及其他技术服务。

6.2 汽车产业与武汉车城

6.2.1 汽车产业发展趋势

根据国际权威机构预测，2011~2015年全球汽车产销量持续增长，年均增速约为3%。未来几年，随着我国经济发展水平的提高、城市化进程的加快、居民消费水平的上升，新一轮汽车购买和更换需求也即将到来。

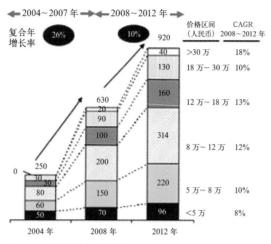

图 6-3　中国乘用车发展预测

目前，国内汽车产业年产值已占 GDP 的 2% 以上，根据中国汽车工业协会预测，到 2015 年国内汽车产量将达到 3000 万辆，年均增速在 10% 左右，我国已进入世界主要汽车生产与消费国家之列（详见图 6-3）。上海、广州等国内中心城市都将汽车工业作为城市经济发展的重要支柱，汽车工业产值占到城市工业总产值的 17%~30%。

为推动武汉经济大发展，需要大力发展产业关联度高、经济带动作用强、科技含量和就业比例高的汽车产业。

6.2.2　武汉汽车产业发展目标

武汉是重要的综合性工业基地，具有深厚的汽车工业积淀和配套产业优势。汽车生产主要集中在武汉经济技术开发区内，拥有东风本田汽车、神龙汽车有限公司等 8 家整车厂、16 家独立汽车研发机构和 280 多家零部件生产企业。2011 年，武汉整车产能达到 80 万辆，实现销量 70 万辆，产值突破 1300 亿元，已成为全国第三大汽车生产基地。但是，武汉汽车产业发展还存在一些问题：一是整车制造产能相对不足，汽车年产能仅占全国的 4.34%，相比上海市（180 万辆）、广州市（140万辆）而言，还存在较大差距；二是上下游产业链延伸不足，因受到整车产能的限制，目前无法引进大型零配件厂商，严重制约了产业规模效应和辐射能力的发挥，同时对本地钢铁等相关企业的联合不足；三是产业链附加值较低，汽车工业收益仍然集中在组装和传统零部件制造，利润空间较小。

英国著名学者马克斯、斯尔伯斯在所著的《汽车工业》中，对汽车工业规模经济进行研究，提出了"马克斯—斯尔伯斯"曲线（详见图6-4）。主要内容是：当整个区域的整车年产量由5万辆增加到10万辆时，成本下降15%；由10万辆增加到20万辆时，成本下降20%；由20万辆增加到40万辆时，成本下降5%；以后产量每增加10万辆，成本下降比例及下降幅度更小，直到100万

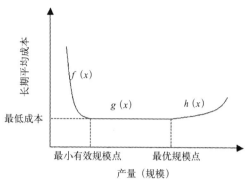

图6-4 "马克斯—斯尔伯斯"曲线

辆为止。所以，区域整车年产量的最小经济规模为100万辆，最优规模点要求的产量为200万辆。单个整车企业的最小有效规模为年产量30万~40万辆。

根据该理论，以及《武汉市工业发展"十二五"规划》要求，武汉市近期到2015年汽车产量应达到180万辆，远期到2020年汽车产量达到380万辆。上海和广州等国内中心城市的汽车产业工业产值已占到城市工业总产值的17%~30%，为实现"十二五"期间武汉工业产值突破万亿元的预期目标，到2015年汽车工业总产值目标应为3000亿~3500亿元。

6.2.3 汽车产业城发展经验与教训

德国斯图加特是巴符州首府，著名的奔驰公司和保时捷公司都诞生并成长于此，是戴姆勒、博世等27家世界著名公司的总部所在地。斯图加特以24%的高科技产业人口比例排名德国之首，96%以上的企业属于中小企业，但是他们大多是在某行业或某领域全球有名。斯图加特的成功之处就是利用高新技术产业来完善和提升传统加工制造业产业链。全市设立了16个能力中心，管理和加强产业链上的企业间的合作和创新。各产业呈组团式布局，组团内部发展配套产业，组团外充分利用现有资源，避免重复建设。斯图加特城市面积207km²，人口60万，但拥有6条轻轨、18条地铁。

当然，全球也有盛极而衰的汽车城发展案例，美国的"汽车之都"底特律是通用、福特、克莱斯勒等三大汽车巨头的总部所在地，20世纪30年代，是汽车产量占美国和全球的80%和70%，20世纪50年代，全市90%人以汽车工业为生，80%的财政收入来源于汽车产业。2010年全市人口110万人，却拥有370km²的建成区面积。但是，因为过度依赖单一产业，没有应对行业发展趋势适时调整工业产业结构，最终被裁定城市破产。

6.2.4 武汉车城发展规划

从汽车工业城的发展模式看，以汽车整车制造为基础，一般拓展上下游产业，发展汽车研发与设计、零部件制造、配套工业制造，以及汽车物流、汽车贸易、汽车文化、运动、会展等综合服务功能，确保产业的可持续发展。在空间布局上一般采用圈层式用地布局模式，以核心厂区为中心，外围布局零配件加工区与综合服务区，并沿交通干道、轨道、铁路等轴向走廊向外延伸。同时，对外以水运作为区域联系的主要运输方式之一，以高速公路、区域干道、铁路等多种交通方式联运为补充。

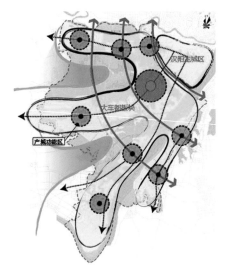

图 6-5　武汉车城发展示意图

鉴于汽车产业的配套特点，建议武汉车城以沌口组团为核心，形成黄金口—蔡甸发展带（以新天大道为轴）、沌口—常福发展带（以东风大道为轴）、军山—纱帽发展带（以通顺河大道、新城大道为轴）、青菱—金口发展带（以通用大道为轴），通过三环线、四环线、外环线横向联系，依托后官湖、东荆河、长江生态通廊加以隔离，形成"一心四带"的产业空间布局结构（详见图 6-5）。

其中，沌口—常福新城发展带以神龙、东风本田汽车为核心，未来在凤凰预留一个核心厂区，重点发展汽车整车制造、零部件加工、新能源与新材料等高新技术产业。未来工业园区用地规模将达到 20km²，整车年产量达到 250 万辆。

军山—纱帽新城发展带以汽车企业总部、研发设计、物流信息、商贸服务等现代服务功能为主，在纱帽预留一个核心厂区和相关零配件厂工业园区。未来工业园区用地规模约 6km²，年产量达到 30 万辆。

金口新城发展带以通用汽车为核心企业，发展汽车整车制造，引入发动机、变速箱等大中型零部件加工制造业，积极发展现代物流及展示、营销等配套产业。未来该地区汽车产业园用地约 8km²，整车年产量 100 万辆。

大桥—郑店新区发展带以南车集团为核心企业，发展汽车传动、悬挂、制动系统等零部件加工和钢材、橡胶等配套工业产业。

6.2.5 控制汽车产业风险

导致底特律破产的原因中，有两条与汽车产业有关：一是城市产业结构单一，城市财政来源、就业等过度依赖汽车产业。二是汽车产业对行业发展趋势应对不力。

武汉未来将拥有7~8个汽车整车厂，所以必须研究和有效控制汽车产业的行业风险，建议：一是不应追求企业数量而是要注重企业规模，按照"马克斯－斯尔伯斯"曲线，各整车厂达到200万辆，才能形成规模效应；二是汽车类型上不宜全部压在家庭轿车上，而是要注意利用现有的、成型的小汽车的技术、设备和销售网络，发展载重汽车、特种汽车等含金量高、技术难度高、利润大、竞争小的汽车种类；三是要促进传统能源车向电动、燃气等汽车转型；四是政府要在汽车研究（特别是汽车发动机研究），销售网络建设等方向做好服务，甚至是直接承担上述职能和工作。

6.3 食品加工业与汉江新区

6.3.1 武汉食品加工业的发展不足

全世界食品工业以每年约27000亿美元的销售额居各行业之首，是全球最大的制造业。美国《财富》杂志每年评选出的世界经济500强中，有20多个是食品加工集团。食品加工业对农业的支撑和带动作用巨大，可以为一个城市创造稳定的、持久的、广泛的经济腹地。所以，发达国家非常重视食品加工业的发展，都把食品加工业作为国民经济的基础产业、支柱产业和战略产业，用以提升农业经济的整体发展水平，提高国家的综合经济效益。武汉虽然是国务院确定的"全国重要的粮食生产基地"，但是食品加工业发展不足：

一是企业规模偏小，产业集中度偏低。2010年年初，全市完成食品加工业的工业总产值560亿元,占全市工业总产值的10%。全市规模以上企业只有190多户，产值过10亿元的只有6户。规模以上食品加工企业平均资产、产值分别比全国平均水平低19.8%和8.4%，居全国第23位和第9位。在全国103家食品加工上市公司中，湖北省仅2家，大大低于同属于中部地区的湖南、河南，与湖北农业大省的地位不相匹配（详见表6-1）。

全国各省份食品加工企业上市情况表 表 6-1

梯队	规模等级	各省份食品加工企业上市情况
第1梯队	8~13家	广东（13）、山东（12）、北京（8）、湖南（8）、新疆（8）
第2梯队	3~6家	河南（6）、上海（5）、浙江（5）、安徽（4）、福建（4）、甘肃（3）、河北（3）、辽宁（3）、四川（3）
第3梯队	2家以内	广西（2）、海南（2）、黑龙江（2）、湖北（2）、江苏（2）、内蒙古（2）、吉林（1）、江西（1）、陕西（1）、西藏（1）、云南（1）、重庆（1）

二是深加工不够，附加值偏低。发达国家的食品工业一般占国民经济的 20% 以上，副食品加工业产值应为农业总产值的 3~5 倍，而武汉市 2009 年的农副产品加工业产值仅为农业总产值的 2.2 倍。发达国家农产品的精深加工比例高达 70% 以上，而武汉只有 30% 左右。同一种食品原材料，比如玉米，在有些发达国家能被精加工成 3000 余种产品，其中的氨基酸类产品可比玉米原料增值百倍以上。法国、美国、英国、荷兰等国家马铃薯加工率分别达到 59%、48%、40% 和 40%，武汉地区的马铃薯基本没有加工，就投放市场。

三是原料基地不配套，加工业发展后劲不足。在发达国家，几乎每一种食品加工产品都有专用原料和固定原料基地。中部地区农产品资源非常丰富，但是真正能满足工业加工需要的高品质农产品并不多，缺乏食品加工业发展需要的专用优质原料和专有生产基地。同时，中部地区农业的规模生产不够，食品加工的原料生产比较分散，基本是农户独立种植，还没有形成订单农业，也导致食品加工企业的原料采购成本较高、保障度低。

四是名牌产品不多，本地品牌淡出。目前，武汉市食品加工制品注册品牌 100 多个，但是名牌产品还非常少，而且基本上都是外来企业，如统一企业、华润啤酒、百威啤酒、可口可乐、百事可乐等。武汉市原有的冠生园、老锦春、汪玉霞等一批知名食品企业的发展空间受到挤压，逐渐淡出市场。

6.3.2　武汉发展食品加工业的必要性

一是要发挥武汉在粮食主产区建设中的作用。促进中部地区崛起的总体要求是建设"三个基地、一个枢纽"，包括全国重要的粮食生产基地。2009 年中部地区农村人口高达 2.61 亿，占全国农村人口的 31%，农村人均占有耕地仅为 0.125 公顷，是全国农村人口比重最高、农业劳动力人均占地最少、农村剩余劳动力最多的地区。而武汉规模以上的 190 多个企业共连接农业基地 226 万亩，带动农户 45 万户，通过食品加工带动农民增收的贡献率接近 30%，其中吸纳农业富余劳动力就业达 5.4

万人。所以，发展食品加工业可直接推动农村工业化、农业产业化的步伐，吸收农村富余劳动力，促进农村城镇化步伐。

二是农产品资源丰富，食品原材料充足。中部地区是全球少有的农业省份集中的地区。目前，中部地区农产品占全国的70%，粮食产量占全国的30%以上，棉花占40%以上，油料占44%。20世纪90年代，全国商品粮输出省9个，其中有5个是位于中部地区的湖南、湖北、江西、河南、安徽等五省。湖北全省常年淡水产品产量居全国第1位，油菜籽产量和"双低"化率居第1位，棉花居第3位，稻谷居第4位，自明朝以来就有"湖广熟，天下足"之称。其中，江汉平原农业生产总量约占全国的5%~12%。

三是武汉经济腹地广阔，市场消费潜力大。中部地区土地面积102.70万平方公里，占全国国土面积的10.7%；2009年总人口为3.94亿人，占全国总人口的28.1%，近十年中部地区居民人均收入年均增长率稳定在13%左右，位列全国第二，市场消费的潜力巨大。同时，食品也不宜长期储存，所以食品需求也是可持续的、稳定的。

四是交通区位优势，降低食品产品物流成本。相对而言，一般食品重量较大，运输成本较高，不易长途输送。中国物流与采购联合会发布的"2010年农副食品加工业物流成本分析"报告指出，2009年农副食品加工业物流成本费用率为12.9%，其中运输成本占物流成本的54.9%。物流成本必然影响到农副食品的价格，进而影响到食品产地的辐射范围，所以交通区位优势对食品加工和销售非常重要。武汉是中国内陆最大的水陆空交通枢纽，扼南北之枢纽，居东西之要津，历史上有"货到汉口活"的说法，所以武汉具备建立区域性物流圈的良好基础。

五是武汉具有发展食品加工业的教育科研技术优势。武汉地区有多所高校和科研机构，在食品加工方面的科技领先全国，如华中农业大学、武汉工业学院等以及10所农业类中等技术学校。其中，华中农业大学建有国家级、省部级研发基地27个，包括国家重点实验室2个、国家专业实验室2个、国家工程研究中心3个、国家育种中心6个、省部级重点实验室7个、省部级研发中心5个，"十一五"期间就承担国家级科研项目800多项，储备了大量的农业和食品加工的科学技术和人才。

6.3.3 武汉食品加工业空间发展

大型工业园区可以促进食品加工业的集中布局，延伸食品加工产业链。因此，武汉市要充分发挥食品加工业的"聚集"效应，加快近郊食品加工园区建设，引导加工企业向园区集中，并以此带动周边地区农产品、食品原材料生产基地的形成。

　　分析武汉发展食品加工业的需求要素如下：一是武汉食品加工业的原材料基本来自江汉平原、鄂西北山区等农产品生产地区。二是食品加工需要符合特殊清洁度要求的水源，武汉地区的水源主要是汉江。三是食品加工产品的销售市场主要是武汉市周边及湖北中西部地区。四是武汉目前的食品加工产业的主要集中区域、具备食品产业基础的地区是东西湖区、蔡甸区和汉阳西部地区。而且这三个地区位于武汉市主要水源——汉江的上游，根据要求是不宜选址布局其他污染较大的工业产业的。所以，未来武汉食品加工业主要还是应该选择在武汉市区西部的东西湖、汉阳、蔡甸等汉江两岸地区，以食品加工业推进"汉江新区"发展。

　　根据道路交通和产业分工情况，建议在"汉江新区"规划布局"三区三园"的食品加工产业园区，即支持重点在东西湖区的走马岭、汉阳区的黄金口、蔡甸区的新农，建设3个大型食品加工业园区。根据测算，3个食品加工业园区所需食品工业建设的净用地为50km² 左右，食品加工业总产值达到500亿元。

　　其中，建议东西湖区走马岭食品工业园用地规模在30km² 以上，未来将建设集技术研发、食品工业原料、加工制造、包装、物流储运、信息交流、综合服务等功能于一体的食品产业圈，加强区内陆路通关、高速公路、铁路货运、航运以及水电通信等基础设施的完善和建设，建成中国内陆地区规模最大、功能最全、产业特色鲜明、项目效益突出的生态型食品综合开发区，成为名副其实的国家级食品加工区、"中国食品交易之都"，形成350亿元以上的产业规模。

　　建议汉阳区黄金口食品工业园用地规模在10km² 以上，发挥饮料加工制造业基础和百威啤酒等企业品牌效应，利用水运、公路运输的优势，建设饮料加工、油料深加工、粮食深加工等产业，形成华中地区最大的饮料加工工业基地，形成120亿元以上的产业规模。

　　建议蔡甸的新农食品工业园用地规模在8km² 以上，利用既有的特色食品优势，重点布局畜禽深加工产业园、水产及果蔬加工产业园，形成30亿元以上的产业规模。

　　此外，建议在江夏区庙山、新洲区阳逻、黄陂区武湖等地区，规划布局3个中型食品加工园区，3处工业用地总规模在15km² 左右，产业规模在100亿元左右。鼓励和引导全市技术含量高、处于产业链高端、低污染的食品加工企业进入上述6个集中的食品工业园区，以达到布局合理、产业集聚、土地集约的效果。

国际经验表明,当人均GDP在1000~3000美元时,是调整食物结构的良好时机。武汉地区目前的人均GDP已经突破6700美元,可以并且需要大幅提高食品的质量和档次,创建特色食品品牌。因此,武汉市要进一步鼓励科研机构和企业培育精品名牌发展意识,大力发展绿色食品的加工开发,保护具有武汉地区人文和地域特点的名牌产品,扩大汉产名牌产品的市场占有率和知名度,适应居民改善膳食营养结构的需要。同时,还要充分发挥加工业发展的"聚集"效应,带动武汉地区及周边地区农产品、原材料生产基地的形成。

6.4　临空经济与武汉临空经济区

6.4.1　临空经济发展条件已经成熟

根据国内外有关研究成果,当一个国家或地区经济发展到一定阶段后,航空运输业将出现快速发展的态势。航空运输是国民经济和社会发展的先导性产业,也是区域经济发展的重大推动力,国际机场协会将机场喻为"国家和地区经济增长的发动机"。据专家对中国8个临空经济区的测算,临空经济区一般比整个城市的GDP增长率平均要快8%左右。由于航空运输的巨大效益,机场已不再是传统意义上的机场,将促使在机场相邻地区及空港交通走廊沿线地区出现生产、技术、资本、贸易、人口的聚集,成为多元化、复合型的经济区域。根据研究,临空型经济发展有一个时限点,即城市人均GDP达到4000美元,机场客流量每年达到800万人次时,临空经济就具备了健康持续发展的条件。

武汉天河机场1990年12月开工建设,1995年4月作为国家一级民用机场正式开航启用。经过近20年的发展,武汉天河机场已建设成为4E级国际机场,是国际民航组委会(ICAO)备案的定期航班机场和A380备降机场、华中地区重要的航空运输枢纽、中南地区第二大飞机维修基地。2004年,天河机场旅客吞吐量为432.7万人次、货邮吞吐量为6.1万吨、飞机起降为4.8万架次;2011年旅客吞吐量1246.2万人次、货邮吞吐量达到12.3万吨、飞机起降11.5万架次,这三项指标在全国主要机场的排名,分别从2004年的第16、18、17位,提升至2011年的第14、17、15位,发展速度处于加快阶段(详见表6-2、表6-3)。

武汉天河机场历年运输情况　　　　　　　　　表 6-2

年份	全国排名	旅客吞吐量（万人次）	货邮吞吐量（万 t）	起降架次（次）
1994 年		183.98	1.154	23096
1995 年	15	260.26	2.208	29498
1996 年	11	303.47	2.802	35626
1997 年	11	295.71	2.796	40273
1998 年	16	263.95	3.426	44383
1999 年	19	237.11	3.964	43190
2000 年	20	249.46	3.996	46241
2001 年	16	274.41	4.451	47288
2002 年	15	320.09	5.188	48831
2003 年	16	330.56	5.3	40870
2004 年	16	446.1	6.1	48263
2005 年	17	493.7	6.2	51793
2006 年	17	610.06	7.38	66876
2007 年	12	835.63	8.96	93498
2008 年	12	920.26	8.99	98372
2009 年	12	1130.4	10.19	113332
2010 年	14	1164.7	11.02	112521
2011 年	14	1246.2	12.28	117010

2011 年全国 25 个主要机场运输情况　　　　　　　表 6-3

机场	旅客吞吐量（人次）		货邮吞吐量（t）		起降架次（次）	
	排名	本期完成	排名	本期完成	排名	本期完成
全国合计		620536534		11577677.2		5979664
北京 / 首都	1	78674513	2	1640231.8	1	533166
广州 / 白云	2	45040340	3	1179967.7	2	349259
上海 / 浦东	3	41447730	1	3085267.7	3	344086
上海 / 虹桥	4	33112442	6	454069.4	4	229846
成都 / 双流	5	29073719	5	477695.2	6	222421
深圳 / 宝安	6	28245738	4	828375.5	5	224329
昆明 / 巫家坝	7	22270130	8	272465.4	9	191744
西安 / 咸阳	8	21163130	13	172567.4	10	185079

机场	旅客吞吐量（人次）		货邮吞吐量（t）		起降架次（次）	
	排名	本期完成	排名	本期完成	排名	本期完成
重庆 / 江北	9	19052706	11	237572.5	11	166763
杭州 / 萧山	10	17512224	7	306242.6	12	149480
厦门 / 高崎	11	15757049	9	260575.1	13	135618
长沙 / 黄花	12	13684731	18	114831.1	16	116727
南京 / 禄口	13	13074097	10	246572.2	14	120534
武汉 / 天河	14	12462016	17	122762.4	15	117010
大连 / 周水子	15	12012094	15	137859.1	19	94344
青岛 / 流亭	16	11716361	14	166533.1	17	105835
乌鲁木齐 / 地窝堡	17	11078597	19	107580.5	18	97801
三亚 / 凤凰	18	10361821	31	48290.8	25	74392
沈阳 / 桃仙	19	10231185	16	133903.5	23	77866
海口 / 美兰	20	10167818	21	97826.9	22	83057
郑州 / 新郑	21	10150075	20	102802.4	20	93014
济南 / 遥墙	22	7879707	23	77623.9	24	77856
哈尔滨 / 太平	23	7841521	24	76490.6	29	62520
天津 / 滨海	24	7554172	12	182856.7	21	84831
贵阳 / 龙洞堡	25	7339228	25	69130.3	27	67759

目前，武汉市人均 GDP 已经超过 6700 美元，机场客流量达到 1240 万人次，发展临空经济的时机成熟。2011 年武汉天河机场的旅客吞吐量占全国的 2.0%，按照美国对枢纽机场的划分标准，已超过大型枢纽机场 1% 的份额标准。对武汉而言，发展临空经济，既能巩固武汉在全国的综合交通枢纽地位，发挥承东启西、转接南北的经济传接作用，提升城市辐射力，又能促进武汉实施国际化战略，在全球城市网络中占据一席之地，还能进一步优化和提升武汉的经济产业结构和空间布局，培育新的经济增长点。

同时，武汉及周边城市，适宜空运的高科技产品和特色资源也非常多（详见表6-4）。光电子信息、汽车与现代制造业、新材料、食品工业、生物医药、环保产业等已成为武汉的支柱产业。同时，武汉周边城市还拥有一大批享誉海内外的特色农产品，对武汉临空经济的发展也具有较大的支撑作用。

武汉及周边适宜空运的产品和特色 表 6-4

产品类型	序号	产品名称	主要产地生产商	产品对空运的需求情况
工业产品	1	光纤光缆	长飞公司	汽车工业年产量不断增加，有效地刺激了零配件供需的发展； 武汉中国光谷占国内光电器件、能量光电子两个市场各40%的份额，并且光电子产品向手机、显示器等终端产品延伸； 轻纺工业——棉纺织、毛纺织、麻纺织、丝绸纺织、印染、化纤、纤维原料加工、服装在内的门类齐全的产品； 生物工程、能源环保、新材料、机电一体化等产品
	2	移动手机	NEC 公司	
	3	显示器	冠捷公司	
	4	电子芯片	富士康、中芯国际	
	5	汽车配件	神龙汽车公司、东风汽车公司	
	6	药品	健民、春天	
	7	环保产品	凯迪电力等	
	8	服装	冰川、太和、爱帝等	
农业及农副产品	1	罗田板栗	罗田	面向全国，出口到美国、加拿大、日本、韩国、中国台湾及东南亚
	2	白莲	杨叶湖	远销国内外，在东南亚倍受青睐
	3	洪湖莲藕	洪湖	湖北地区资源极其丰富。产量大，销往国内外
	4	洪山菜薹	武昌	产品销往全国各城市，是湖北特有的农产品之一
	5	精武鸭脖	汉口	和全国 500 多家大型超市签订供货合同，专卖店、联盟店 100 多家，全国市场占有率高
	6	河虾	潜江、仙桃	产品远销欧洲、美国、日本、韩国等
	7	武昌鱼	樊口	产品销往 20 多个省市，并出口到美国、韩国、欧盟、东南亚、港澳等
	8	皮蛋	荆州	远销美国、新加坡、加拿大和港澳市场
	9	茶叶	邓村	产品享誉国内外
	10	孝感麻糖	孝感	畅销全国各地
	11	甜玉米	汉南	产品畅销广州、深圳、长沙、中国香港
	12	孝感米酒	孝感	全国同类产品中唯一绿色食品，畅销全国、东南亚及欧美
	13	京山桥米	武汉、京山	远销北京、天津等 20 多个省市
	14	芦笋	东西湖、黄陂	"仙笋山"牌畅销国内外
	15	茯苓	英山	明清时期出口东南亚，目前销往美国、日本、印度、俄罗斯、新加坡等地
	16	茶叶	英山	产量全国第三

6.4.2 临空经济的产业发展特征

航空运输相对于其他运输方式而言具有高速、高效的特点，最能满足旅客和企业对于快速运输的时效性要求。从航空货运量来看，目前世界航空货运量只占世界贸易运输量的 2%，但货物价值占世界贸易货物总价值的 40%，因此适于航空运输的产品具有体积小、重量轻、附加值高、时效性高的特点，一般主要包括邮件、电子信息、软件、精密仪器、生物医药、印刷品、高档时装、珠宝首饰、鲜活农产品等。

从国际知名机场周边地区发展情况看，大部分机场除基于核心航空相关服务外，都已经开发了重要的非航空相关设施，并逐渐延伸其商业可达性和经济影响边界。机场周边不仅集聚了具有时间敏感性的货物流通加工及分发中心，随着世界经济增长，还迅速成为跨国公司总部、贸易办公、专业协作、信息咨询等行业的吸引点。临空经济区在吸引商务、劳动力及居民方面表现出强大的优势，因而带动了相关的居住服务，包括住宅、休闲、餐饮、零售、医疗、教育等服务，因此，许多机场地区也成为大城市人口和功能的增长节点（详见表 6-5）。

国际知名机场临空产业发展情况　　表 6-5

机场名称	现代服务业								高科技产业	航空航天	航空产业	总部经济	科研机构	生物医药	汽车工业	传统制造业	合计
	金融	中介	物流	会展	住宿餐饮娱乐	商业贸易	信息服务	印刷传媒									
香农机场																	11
仁川机场																	10
不来梅机场																	9
哥本哈根机场																	6
史基浦机场																	5
达拉斯沃思堡机场																	5
戴高乐机场																	5
中部机械城机场																	5
苏黎世机场																	4
成田机场																	4
慕尼黑机场																	3
伯明翰机场																	3
法兰克福机场																	3
维也纳机场																	2
尼斯机场																	2
合计	5	1	11	3	4	8	3	1	8	5	4	5	8	4	3	4	

　　根据对航空运输依赖性的强弱，一般将临空经济产业分为依赖型产业、关联型产业、诱发型产业三类。其中：依赖型产业是直接为机场航空运输服务的产业，如票务、行李寄送、货物仓储与转运、飞机保养与维修、过境旅馆、商店餐饮、航空食品等；关联型产业是由于航空运输发展而带动的相关产业，如物流业、高科技工业、制造加工业、商务会展、旅游观光业等；诱发型产业是由于人口聚集而形成的产业，主要包括房地产业、零售商业、旅游娱乐业、教育医疗业等（详见表6-6）。

国内国际知名机场周边产业分布情况　　　　　　　　　　　表6-6

机场	机场内及与机场连接地区	距离机场1h地区
奥兰多国际机场	购物中心、货运中心、贸易港（含自由贸易区、工业园）、奥兰多市中心	迪士尼世界
亚特兰大国际机场	货运中心、贸易港、飞机维修工厂、货运大楼、宾馆	亚特兰大市中心、世界会议中心、亚特兰大球场、服装商业中心、时装商业中心
里昂国际机场	货运中心、飞机维修工厂、商务中心、宾馆、郊外购物中心	里昂市中心
法兰克福机场	商务中心、宾馆、购物中心、货运中心、飞机维修工厂	法兰克福博览会、法兰克福市中心
中正国际机场	货物航站楼、飞机食品供应场、机场宾馆、中正航空科学城、桃园工业园区	台北市中心、台北世界贸易中心、台北国际会议中心
韩国首尔金浦国际机场	货物航站楼、临空工业园	宾馆、世界贸易中心、国际会议中心、首尔市中心
新加坡樟宜国际机场	空中货运中心、罗亚工业园区	拉普路斯城、游艇基地、世界贸易中心、基隆工业园区、科学公园、散通萨度假岛
东京成田国际机场	空中货物航站楼、飞机食品供应场、飞机维修工厂、宾馆、临空工业园、成田市区	临空工业园、飞机食品供应场、博览会、迪士尼乐园、筑波科学城

　　当然，在不同的发展阶段，临空产业也有所不同：起步阶段，机场地区只有少量传统产业；快速成长阶段，航空物流、空港工业、现代服务业等迅速聚集，机场与地区经济逐步融合；成熟阶段，复合型的航空枢纽功能与区域经济完全融合，现代服务业和高技术产业成为临空经济区的主导产业，并形成临空产业集群。

　　结合武汉及周边城市对航空运输的需求及武汉临空经济区发展阶段，建议武汉天河机场临空经济区主要产业类型设定为：空港物流业、会展业、商务旅游业、临空型现代制造业、飞机维修和航空零配件制造业、航天电子设备等高科技产业、航空基地配套产业、货物运输业和临空型现代农业及特种水产等。

6.4.3 国际临空经济区发展经验

孟菲斯机场位于美国田纳西州，自 1992 年起一直是全球第一大货运吞吐量空港，2008 年处理空运货量仍居全球首位，达 370 万吨。孟菲斯机场因东、南分别临近"硅三角"（即北卡罗来纳州"三角研究园区"）、"硅原"（即达纳斯单子工业中心）等两大高新科技产业基地，使机场获得充足货源。孟菲斯还通过两条州际高速公路（即 I-40 和 I-55）、孟菲斯港（密西西比河第二大内陆港）、5 条一等铁路与美国各地相连。孟菲斯机场北部为 FedEx（联邦快递）的货运基地，其空运货量已占机场总货量的 95%，设有一条东西向的货机专用跑道，跑道北侧有 70 多公顷的货机坪和 160 多个货机位。机场在南部和东部为 FedEx 和 UPS 国际快递未来货运发展预留了共 200 多公顷的拓展空间。

新加坡樟宜国际机场位于新加坡东部沿海的樟宜片区，距离新加坡市中心约20km，机场为 80 多家航空公司服务，每周提供 4000 多个航班飞往全世界 59 个不同国家的 180 个城市，是亚太地区的主要航运枢纽。在樟宜机场周边约 5km 范围内，形成一系列附加值高、时间要求强的，并能够适应机场环境的产业，如航空相关产业、物流产业、会展服务业、高科技产业、面向商务客流的商务及总部办公，以及高尔夫休闲产业等；周边约 20km 范围，是新加坡商务旅游、现代服务业的重要地区。

史基浦机场距离荷兰阿姆斯特丹市中心仅 14km，是一个拥有 6 条跑道的纯民用国际机场，年客运量 2005 年达到 4416 万人次。史基浦机场周边布局分为三大板块，每一板块内部产业、居住、服务等功能相对混合：机场板块内部主要分布机场用地、航空公司基地、航空物流园区以及各类交通转乘、办公酒店和货运中心、商业中心、信息产业等功能；东部商务服务板块主要分布货运处理中心、商务园区、城市公园、居住区、餐馆俱乐部和休闲中心、酒店和信息产业等功能；西部产业板块结合 Hoofddorp 城镇布局产业园、居住区、商业中心等功能，用地约 20km^2。

香港机场是一个填海围地的工程，总用地约 12.58km^2。2005 年机场客运量达到 4074 万人次，排名全球第 5，货运量达到 340 万吨，名列全球首位，雇用员工达到 55000 名左右。香港空港城毗邻客运大楼，占地约 57 公顷，分 3 个区：南部商业区是物流园区，包含世界最大的航空货运与快运设施、货运仓储与办公综合体。东部商业园区以办公为主，吸引区域性公司总部入驻。北部商业区占地约 57 公顷，包含工作、商业、会议和贸易等功能。另外，在外围建设为机场服务的住宅新城，容纳 4.5 万人，周边有迪士尼乐园。

北京首都机场临空经济区发展起步于 20 世纪 90 年代初，2006 年北京将建设临空经济区列为"十一五"规划中重点发展的六大高端产业功能区之一。北京临空经济区总面积178km²，共形成八大功能区，各功能区建设用地面积合计约40km²。其中：机场西侧布局以经济开发区和出口加工区为基础，以发展航空产业和高科技产业为主的功能；机场东侧发展以微电子和汽车为主导的现代制造业；机场北侧建设空港物流基地，发展航空物流企业和总部结算型第三方物流企业；机场南侧建设以航空类总部经济和旅游会展、金融保险等服务业为主的国门商务区。

天津机场临空经济区规划目标是建成以航空物流、民航企业、临空会展商贸、民航科教为主要功能的现代化生态型产业区。该临空产业区规划面积102km²，其中建设用地约70km²。按照产业特点和区域交通特点，临空经济划分为六个功能区。其中：机场内部形成机场运营及保障区；机场西南部形成航空教学培训与科研区；机场东部布局空港加工区，主要发展保税加工、高新技术工业、商务会展、商住生活等功能；机场南部布局民航科技产业化基地，主要发展飞机组装、制造等功能；机场北部和南部建设飞机维修区；机场西北部布局空港物流区。

广州白云机场临空经济区通过以机场带动物流、物流带动产业的发展思路，形成以物流、商贸、航空维修、IT电子、精密制造、机场商务、科研开发等为主体的空港经济。规划总面积约100km²，其中建设用地约43km²。白云机场东北面是空港产业园区，面积16.5km²，重点发展汽车制造、航材加工、航空配件制造等航空工业和生物制药、医疗器械、IT产品等现代制造业；机场北面和东面布局空港物流区，总面积20km²，重点发展现代航空物流业，美国联邦快递亚太转运中心就位于该区域；机场西面布局机场商务区，重点发展商务酒店、高档写字楼和展览中心，是旅游、餐饮、展会、金融、法律等现代服务业的集聚区。

6.4.4　武汉临空经济区空间布局

从上述案例可知，临空经济区在功能和职能上，往往呈现板块拼接布局模式，一般分为机场板块、服务板块和产业板块等三部分。每个板块内部呈现功能混合布局模式，即各板块内部是产业、居住、商业、办公等功能的混合，注重内部就业居住平衡以及未来机场扩建和生长弹性空间的预留。机场地区非常注重快速疏解，大部分采用客货分流、多种交通方式组合、公共交通导向等方式（详见图6-6）。

从临空经济与空港的空间关系出发，大致会形成空港区、紧邻空港区、空港相邻地区和外围辐射区等四个区（详见图6-7）。其中：空港区以机场的航空运输、机场内部服务以及航空公司日常办公为主要功能；紧邻空港区是机场周边1~5km范围，主要为空港运营、航空公司职员和旅客提供相关的商业和生活服务等；空港相邻地区是机场周边5~10km范围，以各类临空产业聚集和规模化发展为

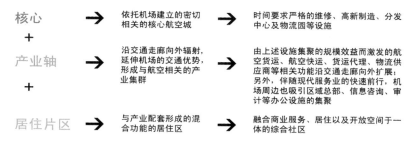

图 6-6　武汉临空经济区功能布局

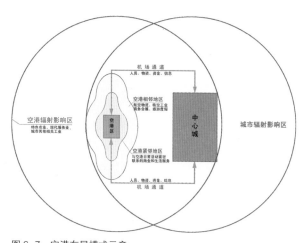

图 6-7　空港布局模式示意

资料来源：冯国芳, 李海军等. 武汉市临空经济区空间发展规划 [Z], 2011。

主要功能, 如高科技产业、现代物流业、高附加值制造业、会展中心、游乐园等;
空港外围辐射区是机场周边 10~15km 左右以外地区, 机场对该地区的相关产业有
促进作用, 其影响随着距离的增大逐渐收敛消失。

为此, 建议武汉临空经济区应该辐射黄陂南部、东西湖北部、孝感东南部地
区, 实施三区共建。临空区可以分为空港区、临空经济核心区、临空经济聚集区、
临空经济协调区等四个圈层, 前三部分为临空经济主体区。

其中: 空港区为天河机场区域, 以机场内部的航空运输、机场服务以及航空
公司日常办公、飞机维修、机场设施为主要功能。

核心区为天河机场周边 10km 左右的区域, 涵盖天河机场、天河街、横店街等
地区, 集中发展航空运输、航空物流、空港工业等临空经济的核心产业功能, 成
为带动整个临空经济区的增长极。

聚集区为机场周边约 10~15km 半径的区域，涵盖盘龙城、刘店、滠口、祁家湾、东西湖机电园、柏泉、金银湖等，主要形成宋家岗现代服务、刘店都市工业、滠口仓储物流、祁家湾铁路物流、柏泉风景旅游、金银湖康体娱乐区、东西湖机电工业等功能组团（详见图 6-8）。

协调区为机场周边 15~20km 左右半径的区域，包括走马岭保税物流园、武湖农场、前川、武汉开发区、东湖开发区、阳逻、孝感等地区，充分发挥航空运输的优势来加快自身发展。如武湖农场的现代高科技农业，

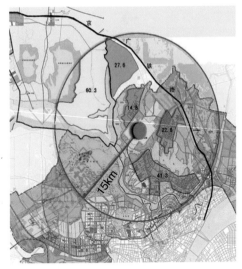

图 6-8　武汉临空经济区范围

东湖高新的光电子信息产业、生物医药产业，滠口地区的电子工业、汽车配套工业、出口加工区，中央商务区的商务、金融、会展业等；有的地区是其功能与天河机场能够互为补充、相互促进，如阳逻的集装箱港口物流，孝感和前川的综合功能等。

另外，从武汉临空区目前的发展看，引进的产业非临空型产业居多。鉴于武汉空港发展和城市发展还没有完全到临空产业高度聚集的阶段，所以建议做好临空经济区用地控制，不要急于求成而安排诸多的非临空型产业，浪费城市空间资源。

6.5　化学工业与北湖新城

6.5.1　化学工业产业链与城市工业发展

石化和化学工业为国民经济及相关领域的发展提供能源、基础原材料及农用化学品等，与工农业生产、交通运输、国防科技以及百姓吃穿住行等各个领域密切相关，具有资源资金技术密集、产业关联度高、经济总量大、产品应用范围广的特点，对促进相关产业升级，拉动经济增长具有十分重要的作用。

世界石化工业持续快速发展，并趋于大型化、炼化一体化和基地化。乙烯生产作为石油化工行业的核心部分，全球乙烯生产能力从 1980 年的 3400 万吨／年增长至 2009 年的 13300 万吨／年。2009~2012 年全球新增乙烯产能 2903 万吨／年，新增聚乙烯产能 1887 万吨／年，新增聚丙烯产能 1437 万吨／年。空间石化工业在全球得到重视。

我国石化工业也建立起了实力强大、配套完备的现代化工业体系，2009年原油加工能力达到48800万吨/年，乙烯能力达1208万吨/年，均居世界第二位。当年加工原油37460万吨、生产乙烯1066万吨、合成树脂及共聚物3603万吨、合成橡胶276万吨、合成纤维2494万吨，在国民经济发展中占有举足轻重的地位。我国已建成17座千万吨级炼厂、6个百万吨级乙烯生产基地，形成长三角、珠三角、环渤海等三大石油化工聚集区以及沿长江产业带，"十一五"末期，石化产业产值占全国工业产值比重达到了11%。根据国家"十二五"规划，整个石化产业产值年均增速将达到13%，全行业销售收入过千亿元的企业从6个增加至10个，在长三角、珠三角、环渤海形成3~4个2000万吨级炼油及3个200万吨级乙烯生产基地。乙烯装置平均规模由54万吨/年提高至70万吨/年，石化项目建设方兴未艾（详见表6-7）。

国内在建大型乙烯项目情况　　　　　　　　　　　　　　　　　表6-7

大型乙烯项目	主要产品	下游产品方向
上海赛科90万吨/年	聚乙烯、聚丙烯、苯乙烯、丁二烯、丙烯腈等	合成橡胶、化纤、ABS
广东惠州80万吨/年	聚乙烯、聚丙烯、苯乙烯、环氧乙烷、乙二醇等	合成橡胶、化纤、ABS
南京杨巴60万吨/年	聚乙烯、苯乙烯、环氧乙烷、乙二醇、己内酰胺、丙烯酸及其酯类、羟基醇等	化纤、精细化工

乙烯是石化工业的核心要素。乙烯（$CH_2=CH_2$）常温下为无色、无臭、稍带有甜味的气体，易燃。是现代石油化工最重要的基础原料之一，素有"有机化工之母"的美称。由于它具有极其活泼的双键结构，因而其反应能力很强，通过乙烯的聚合、氧化、卤化、烷基化、水合等反应，可得到系列极有价值的乙烯衍生物。因此，通常以乙烯产量作为衡量一个国家和地区石油化工生产水平的标志。

6.5.2　武汉化工产业分析发展的必要性

湖北地区化工产业主要集中在武汉硚口、荆州荆门、鄂州左岭、应城等地，但是存在一些问题：一是规模普遍偏小，大型化、基地化不够。二是分散布局，没有建立起强大的产业链，经济性不强。三是石化工业区靠近城区，存在严重的安全隐患。

武汉发展大型石化项目的意义：一是有利于形成强大的湖北石化工业产业链。湖北具有化工原材料的资源优势，江汉油田是我国重要的原油基地，有石化产业发展的基础条件，建设石化工业，可以充分利用湖北原材料资源和石化工业基础，尤其是在江汉油田原油资源减少的情况下，必须整合全省石化工业产业，推动湖北石化产业带的发展，促进产业集群化、园区化建设，加速经济一体化进程（详见表6-8）。

武汉石化工业乙烯原料和辅料来源　　　　　　　　　　　　表6-8

原料和辅料	原料和辅料需求量（万吨）		原料和辅料来源	主要运输方式	原料和辅料主要用途
裂解原料油 （主要是石脑油）	250	220	武石化	管道	炼化
		30	荆门分公司	铁路	炼化
精制盐	43		江汉油田盐厂	船运	烧碱装置原料
煤	100		平顶山煤厂	铁路	用于热电联产装置的燃料
石油焦	30		武石化	船运	

二是有利于湖北优化配置原材料，综合利用炼厂和石化厂的各种中间产品和副产品，方便原料和产品的集中进出，减少公用工程系统的投资和费用。全球炼油化工呈一体化、园区化、基地化发展趋势。目前，已形成了美国墨西哥湾沿岸地区，韩国蔚山、丽川、大山，新加坡裕廊岛，比利时安特卫普等一批世界级炼化一体化工业区。炼化一体化可使炼油厂25%的产品转化成高附加值的石化产品，投资回报率可提高2%~5%，产生良好的协同效应。而湖北的各石化产业园均较少，规模效应不足，影响基础设施投入效益和安全保障。

三是充分利用武汉乙烯项目的石化生产牌照。出于规划效益、制止竞争和产业整合的需要，目前国家已经控制石化生产的准入。从市场情况来看，我国乙烯以及下游衍生产品是有市场需求的，而且建设大型石油化工项目可以形成较强的国际竞争力。武汉80万吨乙烯项目已经获得国家批准，2013年投入生产，所以有必要充分利用这一资源，整合湖北石化产业，尤其是利用和围绕乙烯产品，搬迁各城市市区的石化企业，集中布局乙烯下游产品加工区，形成独立、安全、大型、集中的产业园区。

6.5.3　北湖化工新城规划布局

抓住中部地区首个乙烯项目在武汉建设的重大机遇，利用全市及湖北省的产业基础和原料资源，将本地区建成中部地区的石化基地；依托武汉的港口岸线条件，利用长江航运复兴的机遇，将本地区建成长江中游重要的港口物流基地；根据国家对武汉城市圈"两型社会"建设的要求，大力加强循环经济的建设，使本地区成为全市体现具有以上社会经济特点的示范区；规划根据现代工业园区的发展要求和特点，强调构建具有产业创新能力的生态工业区。

所以，依托武汉80万吨乙烯，布局规划北湖化工新城，将其建设为：中部地区石油化工生产基地和产品供应中心，长江中游的重要港口物流基地，武汉城市圈"两型社会"建设和循环经济示范区，国内领先的生态型、科技型化工园区。在空间上形成四个区域：乙烯核心区、北湖产业区、左岭产业区、港口物流区，总规模为 80km²（详见图 6-9）。

其中，在青山与北湖之间、外
环线内侧，围绕武汉 80 万吨乙烯装
置，建设独立的武汉乙烯核心区，主
要是加工乙烯项目，形成 80 万吨年
加工能力；北湖产业区位于北湖大
港东北，区中主要依托武汉 80 万吨
乙烯装置的一次产品，发展芳烃与
低碳烃类的乙烯下游产业，特别是
工程塑料、橡胶及新材料等工业制
品，为武汉市的汽车、家电、光电子、
医药等产业配套；左岭化工区以现
有葛化为基础，实施产品升级和产
业拓展，以及吸纳中心城区化工企
业的搬迁，发展基础化工、精细化工、
化工新材料等；港口物流区主要位
于临江大道两侧，依托北湖的交通

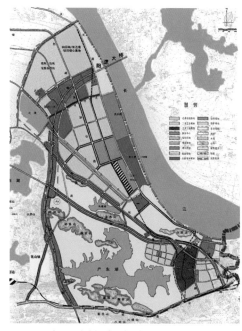

图 6-9　武汉北湖新城规划示意

设施条件，合理布局铁路货场、原料储罐区与港口码头，建成以化工原料集散为
主的公用物流区。

6.5.4　城市安全防护

石化项目最大的问题是安全问题，包括本身易燃易爆以及对城市安全，必须
注重城市安全、卫生隔离和清洁生产，构筑生态安全型的化工新城。

一是建设和控制化工新城与主城之间的生态隔离带。化工新城距离市中心约
20km，距离城区边缘约 6.8km，为确保达到安全生产的要求，应严格控制新城与
武钢之间的南北向生态隔离带，宽度控制在 5~8km，东西向沿东湖－严西湖－九
峰城市森林保护区等区域控制生态隔离区，其宽度超过 5km，最大限度地减少对
城区的影响。规划还在北湖和左岭两大组团间布置宽度为 3~4km 的公共绿地、防
护绿地和生态保护用地。

二是水环境保护。化工新城采用严格的雨污分流排水体制，建立完善的城市
和厂区雨污分流排水系统。雨水系统建立三级水力控制系统，一级为厂内控制系统，
各厂区雨水相对集中排入城市排水系统；二级为北湖水系控制系统，化工区雨水
相对集中，防止化工区降雨进入周边湖泊；三级为入江控制系统，在突发应急事
件时关闭入长江的自排闸或提升泵站，同时引导受污染渠水（湖水）进入城市污

水处理厂处理后再排江，避免事故对长江的污染。

三是公共安全和环境卫生。将新城外侧 1km 半径范围控制为城市安全和环境卫生防护范围，在此区域内严禁进行城市建设活动。按照国家环保总局的要求，化工新城内不安置居住人口，而且需搬迁安置周边人口，综合主导风向、环保、安全距离等因素，北湖组团搬迁人口安置在白玉山和花山地区，左岭地区搬迁人口安置在左岭南约 4km 外的泉井村。

6.6 临港工业与阳逻新城

6.6.1 长江航运复兴与武汉机遇

武汉三镇是因水运而兴起的，中国最大的河流——长江，与其最大的支流——汉水，在江汉平原的东缘汇合。为了扼据长江水运交通要道，产生了汉阳却月城和武昌夏口城。明成化三年汉水改道，汉水入长江之口成为往来船舶和船工的修整之地，人员逐渐汇集，商贸业迅速发展，始成市集，称为汉口。因为水运便利，武汉成为中国"四大名镇"之首和"直追沪上"的中国外贸良港。后来，随着公路、铁路、航空的兴起，水运相对衰落，武汉的交通地位下降。

航运具有其他交通方式不可比拟的优势：航运是绿色交通工程，最能体现"环境友好"、"资源节约"的大运量交通运输方式，航运成本是铁路的 1/6，公路的 1/28，航空的 1/78；航运耗能是公路的 1/8 左右，是铁路的 1/2 左右；整治每千吨公里货运量所造成污染的费用，水运、铁路、公路之比是 1：3.3：14.6。

所以，20 世纪末以来，随着对能源危机、环境保护的关注，全球航运事业又开始蓬勃发展起来。2005 年，温家宝总理多次在国务院常务会议上强调指出，"要高度重视水运，充分发挥长江黄金水道的作用"。2011 年，中共中央 1 号文件提出"加快水利发展，切实增强水利支撑保障能力，实现水资源可持续利用"；国务院 2 号文"关于加快长江等内河水运发展的意见"明确提出"发挥港口枢纽作用，加快上海国际航运中心建设，推进武汉长江中游航运中心和重庆长江上游航运中心建设，加快内河主要港口和部分地区重要港口专业化、规模化、现代化港区建设"。长江黄金水道迎来了前所未有的发展机遇，东、中、西区域联动，江海直达通内外，长江内河航运发展的新时代来临。

为此，湖北省、武汉市提出，依托长江中游地区最优良的深水岸线资源而具有广阔的发展前景，全力推进武汉新港建设，打造长江中游航运中心，依托长江航运，整合港口资源，带动新港陆域城镇集群发展；围绕"两圈一带"（即武汉城市圈、鄂西文化旅游圈与长江经济发展带）发展战略，顺延长江经济发展复合走

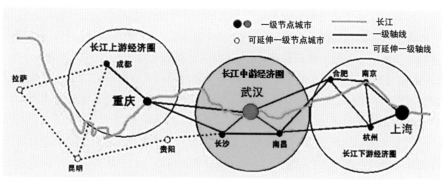

图 6-10　长江流域区域发展态势

廊，培育区域新兴增长极；推进人口与产业集聚，积极构建合理的城镇发展空间；以港城互动增创发展新优势，成为内河港城发展的示范（详见图 6-10）。

6.6.2　港城互动国内外案例

与武汉类似，航运及临水是世界大多数城市的起源之因，也在很多城市甚至是国家的繁荣和发展中扮演了重要角色。18 世纪到 20 世纪前半叶的航运高峰期，英国、西班牙、葡萄牙、荷兰、比利时等国家获得了极大的发展，雄霸全球。20世纪 70 年代后，随着能源环保因素和船舶航运技术的改良，内河运输再次在西方发达国家复苏增长。欧洲的莱茵河流域（易北河）、美国的密西西比河流域分别是欧洲大陆和美洲大陆开发最早、至今发展良好的内河航线，催生了汉堡、圣路易斯等代表性的港口与城市。

1. 海洋运输——鹿特丹港城

鹿特丹市位于欧洲莱茵河与马斯河汇合处，扼西欧内陆出大西洋的咽喉，是欧洲最大的海港，直到近年来甚至曾是世界上最大的海港，亚欧大陆桥的最后一站，距北海约 25km，有新水道与北海相连，素有"欧洲门户"之称，是荷兰的国际贸易门户、欧洲的物资流通基地、重要商业和金融中心。

鹿特丹港港区面积 105km²，港口水域 277km²，海轮码头总长 56km、河船码头总长 33.6km，码头 59 座，水深 6.7~21m。鹿特丹港口有 400 条海上航线通往世界各地，每年约有 3.1 万艘海轮和 18 万 ~20 万艘内河船舶停靠。港口年货物吞吐量高达 3 亿吨，装卸集装箱达 400 多万只标准箱。港内可停泊 30 万 ~54万吨巨型油轮。

鹿特丹港区大宗过境货运占货运总量的 85%，所以设"保税仓库"，专供待售和转口货物整船寄存，通过保税仓库和货物分拨中心进行储运和再加工，提高货物的附加值，然后通过公路、铁路、河道、空运、海运等多种运输路线将货物送到荷兰和欧洲的目的地。其主导产业为石油化工业、食品加工业和临港农业综合产业；仓储配送网络十分发达，由深水货运码头、物流服务企业和腹地连接网络组成。集疏运系统由港口铁路、公路、内河、管道和城市交通系统及机场连接，构成一个有机的系统。它内连各港区码头，紧接港口工业区和市区，远通欧洲综合交通管网。其中，水路与铁路在港口集疏运系统中的作用更是非常重要。

2. 莱茵河——汉堡港城

汉堡港地处欧洲南北和东西航线的交会点，是近年欧洲北部地区吞吐量增长最快的港口，是德国第一大港，也是欧洲最佳转口港之一，被誉为"德国迈向世界的门户"，集装箱吞吐量为欧洲第二、世界第九。从19世纪中期到20世纪中期，沿岸各国通过不断修筑堤坝、整治岸线、疏浚河道、开挖运河，对河水资源进行了系统整治和综合开发，同时沿河修建系列铁路，与内河运输相互促进，共同构成了莱茵河经济区域的物流通道。目前，汉堡港已发展成为德国、波罗的海地区、东欧和中国及远东地区各类货物运输的主要枢纽港和物流中心。

汉堡港城面积为74.25km²，依托汉堡港，建设了四大功能和产业区。其中，为了适应集装箱运输的发展，汉堡市开发了占地3km²的集装箱装卸区，建有5个集装箱码头、6座多用途码头和4个专用码头；一条长23.5km的"关界围墙"围合形成封闭式的汉堡港自由港，面积约16.2km²，拥有180多万平方米储存区，建有160万平方米的集装箱中心，并设有火车站，设有陆上通道关卡25个，海路通道关卡12个；在汉堡市区南部的易北河一侧岸边，新建立了汉堡新城港区，面积约1.55km²，不仅是海港、商业区，而且还建有音乐厅、水族馆、海洋博物馆，是休闲、娱乐、旅游、文化和购物的天堂。

3. 密西西比河——圣路易斯港城

圣路易斯位于美国最长的密西西比河中游河畔，是美国通往西海岸的大门，在地理位置上具有重要的战略意义。圣路易斯是全国最大的内河航运中心，也是全国第二大铁路运输的终点站、第五大航空交通枢纽和第六大卡车运输中心。由于铁路的修建，交通和工商业迅速发展，圣路易斯市成为水陆交通的枢纽和向西部地区发展的重要基地。

圣路易斯大都市地区有3000多家工业企业，是美国多种工业的集合地区之一。因此，多样化、专业化和现代化是圣路易斯工业最显著的特征。目前，市境内的港口岸线长达116km，在密西西比河两岸有近百个现代化码头。全国有14条铁路线汇集在圣路易斯，通过该城的铁路占全国总里程的73%，许多重要的工业产品和原料燃料等通过这个枢纽与全国东西南北各站转接。

由圣路易斯港可以看出，一个好的港口，不但要有良好的交通基础设施、广泛的物流服务、高质量的跨模式运输以及富有竞争力的城市土地政策，还需要为目标客户提供一些他们需要的附加服务，比如鼓励公司成立的政策、自由贸易区和保税区的设立，甚至是高质量的航空港服务。

4. 长江——上海港

上海港是我国大陆第一大港，在沿海港口中吞吐量的比重约占20%，1999年首次跻身于世界主要集装港口排名的第7位，2007年上海港集装箱吞吐量跻身世界集装箱港口第1位，约占全国沿海港口集装箱总量的1/4。上海港是一个具有良好集疏运条件的国际性大港，加上其国际经济、金融、贸易中心的特殊位置，成为长江口港口群体的核心枢纽港。

上海临港新城位于浦东新区南汇地区，是上海东部的门户，也是上海陆域的最前沿，毗邻中国第一座跨海大桥以及第一个国家级保税港。临港新城将成为上海东南地区最具集聚力和发展活力的中等规模滨海城市，并依托上海唯一的深水港洋山港成为辐射长三角的巨型物流基地，是一座集先进制造、现代物流、研发服务、出口加工、教育培训等功能为一体的现代化综合型海滨城市。至2020年，用地面积312km^2，人口80万。临港新城分为主城区和产业区（包括主产业区、重装备产业区、物流园区和综合区），其中重装备产业区和物流园区是建设国际集装箱枢纽港的重要依托，是集仓储、运输、加工、贸易、保税、临港工业、分拨、增值和国际商贸功能于一体的国际经贸平台。

5. 珠江——广州南沙临港新城

南沙港位于珠江出海口，珠三角地区的腹心，港区总面积63km^2，港口岸线3500m，有10个10万吨级码头。按照规划，南沙临港新城将建设成为立足南沙、依托广州、服务大珠三角、辐射东南亚和南中国、面向全国和全球的中国南方国际枢纽港口物流中心，服务内地、连接港澳的商业服务中心、科技创新中心和教育培训基地，临港产业配套服务合作区，宜居和宜业的滨海新区。

南沙临港新城以港口运输和服务业驱动工业发展，构建"北城南港、双核驱动"空间格局，形成汽车、钢铁、造船、装备工业、石化、高新技术及港口物流等七大产业基地，进而带动整个南沙区的发展。

6. 经验借鉴

通过以上案例比较分析认为，国内外港城建设需满足区域协调发展的要求，注意城市与港口组群化，处理好与重工等相关产业和产业园区的联系，要处理好与城市道路系统的有机衔接，要储备足够的未来产业发展用地，要实现港口功能分区的有效组合。

由此可见，武汉要实施区域联动发展战略，港城互动、以港兴城，充分利用长江经济带开放开发的发展机遇，最大限度地发挥临港产业区内长江中游最优良的深水港口岸线资源优势，通过外环高速、武鄂高速、武英高速、江北快速路及江北铁路线等便捷的集疏运条件，实现水、陆、铁联运，强化南北对接、改善东西联系，江南、江北联动发展，"独立成市、以港兴城、港城互动"，打造长江中游最大的核心临港产业新城、港口物流经济特色区及现代生态新城示范区。

要进一步发挥港口的产业聚集效应，带动重化工产业及其他产业的发展，以现代物流业的发展形成上下游产业的"同城协作"效应，同时积极引导现代服务业等其他产业反作用于港口工业，实现港区—城市双向互动、互利双赢。

6.6.3　航运业与阳逻新城发展布局

港口与城市是一个有机的综合体，二者互为依托、相辅相成、共同发展（详见图 6-11）。港口的运营活动联系到城市的各种生产、经营活动，港口是城市发展的动力引擎，城区是港口发展的重要依托。只有港区和城区有机结合并始终相互适应地协调发展，才能形成功能完善、运营良好的现代水运枢纽和港口城市面貌，这是港口城市遵循的基本规划原则。

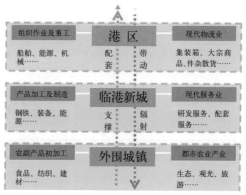

图 6-11　现代化港城关系图

新的港城关系是一个协调发展和一体化的关系，在规划新的港城关系时除了考虑功能和空间方面的协调外，还应考虑环境和社会文化方面的协调。新的关系要求城市更加开放，港口具有更强的渗透力，港城之间的关系更自然、更充实。

在国家复兴长江黄金水道的背景下，湖北提出建设武汉新港，五年内实现"千万标箱、亿吨大港"的目标。建议未来围绕深水良港，在"港城一体化"发展模式下，依托阳逻港区发展临港产业集群，建设阳逻临港新城。建立"港城"模式，形成"以港兴城、港以城兴，城镇一体、协同发展"的城镇格局。阳逻新城将发展集先进制造、现代物流、研发服务、出口加工、教育培训等功能为一体的现代化综合型临港产业集群。

建议阳逻临港新城按照"一城两区"的框架布局，用地规模 120~135km²，人口规模约 85 万 ~90 万人。即，依托阳逻港区、阳逻开发区、阳逻镇区，建设阳逻港口城，重点发展港口物流业、港口服务业；依托武钢深加工基地、江北钢铁物流园，发展西部加工制造园区，重点发展钢铁加工、装备制造（工程机械类）、物流等产业；依托古龙、双柳等南部沿江地带工业，建设古龙产业区，重点发展港口大宗物流（粮油、煤炭）、造船、装备制造等产业。（详见图6-12）。

根据临港产业的发展特点和需要，阳逻临港新城要建设以水运、铁路、高速公路、国道主干线为一体的多元综合运输体系，构建集疏运体系，强化港区与高速公路、快速路、城市干路、铁路站场之间的联系，主要港区引入铁路专用线，建设阳逻保税物流园区与集装箱港

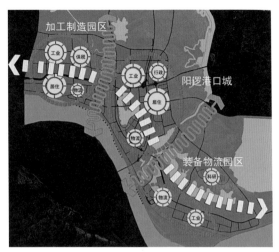

图6-12　阳逻临港新城发展图

区之间的专用货运通道，着力打造"水—铁"联运及"水—陆"联运的多式联运运输体系，进一步支撑大流通、大物流、大产业的发展。通过武九铁路、江北铁路、武汉城市圈高速公路网络等，便捷通达至武汉城市圈内各主要城市，通过铁路的扩容、提速，形成铁水联运，未来连接整个"中三角"各城市，增强武汉的辐射力和服务力。

6.7　科教产业与纸坊科学城

6.7.1　科教产业发展问题

武汉地区有高等学校80多所，学生数超出100万人，高校数量、学生人数、211大学数、进入全国前十的高校数等在全国各城市排名中都是前三。武汉地区拥有的研究与开发机构、两院院士、专业技术人员、国家级实验室、工程技术中心等数量均在全国前列，通信、生物工程、激光、微电子技术和新材料等五大领域处于全国领先地位。武汉还拥有全国第二个自主创新区，关山地区是仅次于中关村的全国第二智力密集区。

但是，武汉地区的科教发展还存在诸多问题：一是科教资源整合不足。武汉高校众多，但是没有形成有效的教育综合体，高校之间教师、学生、学科、图书、资源、信息等不相通、不交流，比较封闭，没有形成聚集优势。二是高校校园与城市空间缺乏整合。各高校之间缺乏便捷联系，东湖周边区域虽然高校较为集聚，但未能形成整体良好发展的高校板块，带动城市有序发展。特别是校前区域，由

于大量的人流、车流，导致形成交通堵点。三是"产"、"学"、"研"不匹配，高端人才产业融合度不够强，没有形成产业链，武汉地区两院院士90%集中在高校和科研机构，33个国家重点实验室和工程技术中心分布在企业的仅8家，呈现强教育、弱研究、低产业现象，从行业分布看，我市75%以上的上市公司集中在光电子信息产业，其他主导产业和现代服务业的企业领军人才明显不足。四是教育科技优势没有转化为本地经济优势。根据2009~2011年的统计，武汉科技成果获奖数量位居全国前列，占全国获奖数量的7.4%，但科技成果本地转化率仅为39%，近四年武汉科技成果转化数量是1117项，其中来自武汉本地直接转化的只有441项，没有形成科技带动经济的"硅谷"模式，科教产业没有有效推动城市经济发展。五是人才、科技外流严重，武汉地区高校毕业生去外地者众多。2003年的一项统计显示，1998年以来湖北高校毕业生及社会在职人员流向江浙的至少有20万人，流向珠三角的甚至可能达到30万人以上。仅武汉大学的数据就显示，1999年以来，该校毕业生约有60%流向珠三角和长三角。六是生活品质不够优。通过对武汉"3551人才"的调查显示，对住房条件不很满意的占64.5%；对交通状况不很满意的占73.75%；对生活服务不很满意的占48.1%；对自然环境不很满意的占70.2%；对子女受教育状况不很满意的占61%；对文化生活设施不很满意的占60.5%。

6.7.2　科学城布局

建议在武昌南部，江夏纸坊一带，沿中国公路主干线G50沪渝高速公路，建设"武汉科学城"，包括建设面积20km² 的龙泉山大学城、长20km的青龙山—长山的武汉科技谷、面积12km² 的五里界科技园。具体思路：

一是继续促进武汉地区的高校聚集，整合高校资源，发挥大学区的集聚优势，在黄家湖、流芳等大学新城的基础上，选址建设龙泉山大学城，大学城位于龙泉山南部。该地区地势平坦、相对独立，北枕有几百年历史的龙脉之地龙泉山，南临浩瀚碧波、水质优良的梁子湖，风水极佳、环境优美。发挥大学园区特有的高素质的人才群落、多民族的文化氛围，建设一个人文生态与自然生态结合、具有旅游潜质的文化社区。"智者乐水"，新大学城以水为核心，文化社区环湖而建。同时，在包括新旧大学城在内的各大学城，由湖北省、武汉市、高校共同出资，推进现有教育网、校园网升级，构建以云计算为基本架构的"教育云"示范工程，加强武汉各高校资源共建共享，摒弃信息孤岛。

二是借鉴"硅谷"经验，借助武昌南部黄家湖、流芳、龙泉山等三个新大学城以及珞瑜路既有大学城的教育优势，沿国道主干线G50，即沪渝高速公路，在青龙山—八分山—长山—金岗山一带，建设长20km的武汉"科技谷"。青龙山—八分山—长山—金岗山是一群低矮连绵的浅丘，有独特的地理条件，植被良好、环境较优，从各方向均可获得良好的视觉景观，可以取得最佳的通风和采光条件，很适合沿山谷开发建设一系列小型科技研发公司，建立独特的科技研究场所。

三是在龙泉山大学城与武汉"科技谷"之间建设五里界科技园。科技园不是普通的工业园区，主要是配合科技研究，在大学城与科技谷中间、在教育研究与科技研发之间、在科技研究成果与市场生产转化之间，搭建平台，职能以研发、实验、中试为主，建立各种校企联合体，吸引、孵化众多的科技企业，构建并引导教育产业衍生的"产业链"的良性循环，实现"产、学、研"互动。科技园面积约 12km²，紧邻沪渝高速公路，交通便捷。

6.7.3 科教产业发展建议

一是推进创新创业，搭建高校产学研联盟和技术研发平台。支持企业和高校自主联合科技攻关与人才培养，共建研究中心、科技园区等，支持科学研究与成果孵化，设立产学研合作专项基金，实行高校与城市全方位合作，推进科教优势向产业优势转变。同时，以需求为导向、以项目为载体，推动前沿实验室、科学家工作室和高科技企业建设，提升我市光电子信息技术、生物医药等优势领域的研发水平。统筹在汉中央单位、高校、科研院所和非公有制经济组织的科技资源，加快"未来科技城"人才创新基地等重点研发和转化机构的建设，强力推动人才、资金、技术等创新要素的深度融合。

二是加强武汉地区高校联系，实施大学校园连通工程，构建公共交流平台。结合自然山水资源，在全市绿道系统规划的基础下，重点实施武昌大学校区绿道连通工程，构建大学间便捷的慢行交通网络，重点建设环东湖、黄家湖和汤逊湖等三条环湖绿道，优先建设环大学的绿道网络；鼓励大学间交流，建设大学生活动和交流中心，搭建公共交流平台。创新武汉高校的空间组织模式，建立空间开放化、资源共享化、服务社会化、环境生态化、设施智能化的发展理念。

三是要实施人才扎根工程，结合服务业发展的需要，利用各种手段多渠道引进服务业高端人才特别是复合型人才，并为引进的海内外高端人才提供相应的工作条件和特殊的生活待遇，构建完善的高端人才社保体系，增强东湖高新人才特区的吸引力。借鉴广州市经验，在高层次人才住房安置、配偶就业、子女入学、医疗保健、入境通关等方面出台具体的政策措施，为高端人才打造便利、舒适的生活环境。依托产业和项目，大力加强开发区、园区、重点学科和重点实验室、博士后工作站等平台建设，为海内外现代服务业高端人才提供干事创业的舞台。

四是完善风险创投体系，发挥资本支撑作用。建立科技人员、创业投资与孵化平台的联动机制，以资本为纽带，积极推动企业、科研院所、高等院校之间的合作。结合高新技术产业和技术资源优势，大力发展各类专业的孵化器。同时，积极吸收金融、证券、咨询等中介服务机构进入园区，为创新企业在融资、风险投资、企业上市、股份改造、股权退出等方面提供中介服务。设立地方创业投资引导基金和创业投资风险救助专项资金，引导促进创业风险投资机构对种子期、起步期、初创期的先进制造业企业的支持力度。

6.8　循环经济与武东循环经济区

6.8.1　循环经济发展背景

21 世纪的头 20 年是我们必须紧紧抓住并且可以大有作为的重要战略机遇期，同时我们也面临着严峻的资源环境形势和巨大的国际竞争压力。资源约束矛盾日益突出。从资源禀赋看，我国是总量上的大国，人均上的贫国。人均淡水资源占有量仅为世界平均水平的 1/4，人均耕地占有量不到世界平均水平的 40%，石油、天然气人均占有储量为世界平均水平的 11% 和 4.5%，铁矿石、铜和铝土矿储量分别为世界平均水平的 1/6、1/6 和 1/9，45 种矿产资源人均占有量不到世界平均水平的一半。同时，目前我国正处在工业化和城镇化加快发展的阶段，资源消耗强度加大，资源短缺的矛盾更加明显。

环境形势更加严峻。当前，我国生态环境总体恶化的趋势尚未得到根本扭转，水环境每况愈下，大气环境不容乐观，固体废物污染日益突出，城市生活垃圾无害化处理率低，一次污染严重。农村畜禽粪便、水产养殖污染，农药、化肥的不合理使用，使农村环境问题日益严重，直接威胁到农产品质量安全。生态环境恶化，水土流失严重，森林生态系统质量下降，生物多样性锐减，生态安全受到严重影响。

提高国际竞争力面临更大压力。目前，我国在出口产品结构中，初级产品和原材料仍占较高比例，处于国际贸易分工的末端。资源消耗高、浪费大、利用率低是产品成本高的一个重要原因，已经成为影响我国企业和产业竞争力的一个重要因素，同时也制约着经济增长质量和效益的提高。在关税壁垒削弱的同时，包括产品能效和环境标准、标识、废弃物回收、包装等"绿色壁垒"在内的非关税壁垒日益凸显，对我国发展对外贸易特别是扩大出口产生了日益严重的影响。

实践证明，传统的高投入、高消耗、高排放、低效率的增长方式已经走到了尽头，不加快转变经济增长方式，资源难以为继，环境难以承受。发展循环经济、建设资源节约型和环境友好型社会，是实现经济增长方式根本性转变、走新型工业化道路，从根本上缓解资源约束矛盾，减轻环境压力，增强国民经济整体素质和竞争力，实现全面建设小康社会目标的必然选择。

6.8.2　循环经济基本理念

循环经济是以资源高效利用和循环利用为核心，以"3R"为原则（即减量化——Reduce、再使用——Reuse、再循环——Recycle）；以低消耗、低排放、高效率为基本特征；以生态产业链为发展载体；以清洁生产为重要手段，达到实现物质资源的有效利用和经济与生态的可持续发展。

循环经济是对人类与自然关系深刻认识和反思的结果。人类在社会经济高速发展中陷入资源危机、环境危机、生存危机深刻，在全球人口剧增、资源短缺和生态蜕变的严峻形势下，开始反省自身发展模式，由传统经济逐步向循环经济转变。物质循环是推行一种与自然和谐发展、与新型工业化道路要求相适应的新的生产方式和生态经济的基本功能。物质循环和能量流动是自然生态系统和经济社会系统的两大基本功能，处于不断的转换中。循环经济则要求遵循生态规律和经济规律，合理利用自然资源，优化环境，在物质不断循环利用的基础上发展经济，使生态经济原则体现在不同层次的循环经济形式上。

循环经济是一种新的经济发展的理念和模式。循环经济在发展理念上就是要改变重开发、轻节约，片面追求 GDP 增长；重速度、轻效益；重外延扩张、轻内涵提高的传统的经济发展模式。把传统的依赖资源消耗的线形增长的经济，转变为依靠生态型资源循环来发展的经济。既是一种新的经济增长方式，也是一种新的污染治理模式，同时又是经济发展、资源节约与环境保护的一体化战略。

循环经济运用生态经济规律来指导经济活动。它要求把经济活动组成为"资源利用——绿色工业（产品）——资源再生"的闭环式物质流动，所有的物质和能源在经济循环中得到合理的利用。循环经济所指的"资源"不仅是自然资源，而且包括再生资源；所指的"能源"不仅是一般能源，如煤、石油、天然气等，而且包括太阳能、风能、潮汐能、地热能等绿色能源。注重推进资源、能源节约、资源综合利用和推行清洁生产，以便把经济活动对自然环境的影响降低到尽可能小的程度。

循环经济的要义：一是重估自然资源的价值，通过向自然资源投资来恢复和扩大自然资源存量，运用生态学模式重新设计工业，开展服务和流通经济，改变原来的生产和消费方式。二是关注不同生态伦理的整合与提升，认为人类不应该是自然的征服者和主宰者，而应是自然的一部分，既要维护人类的利益，又要维护整个生态系统的平衡，建立以人与人、人与自然和谐发展为道德目标的伦理。三是切入点是对生态环境容量的研究，强调在生态环境容量的范围内，合理利用自然资源，从原来的仅对人力生产率的重视转向在根本上提高资源生产率，使"财富翻一番，资源使用减少一半"，在尊重自然的基础上切实有力地保护生态系统的自组织能力，达到经济发展和环境保护的"双赢"目的。

6.8.3　循环经济区的选择

武汉是国家"两型社会"建设试验区的龙头，武汉东部武钢、阳逻、青山等地区作为武汉乃至全国的重工业最聚集地区之一，在武汉东部地区实验发展循环经济具有重要的示范意义，所以建议在武钢、阳逻、青山等地区建设具有循环经济特征的武东循环经济区。其面积约 220km²，现状人口约 85 万人。

武东循环经济区有相当的工业基础，拥有钢材深加工、港口物流、石油化工、电力能源、机械制造、纺织服装、新型环保建材等几大工业板块。在其区域内有阳逻电厂、青山热电厂、武钢基地、一冶钢构、北新建材、武船重型桥梁、湖北娲石、武汉天力、武汉钢铁公司、中国第一冶金建设公司、武汉石油化工厂等一批骨干企业，总体上是以重工业为主，并且以"大耗能、大耗水、大排放、大运量"为主要特征。

2010 年该地区总能耗约 2850 万吨标准煤，其中阳逻电厂 300 万吨，武钢为 780 万吨，两者能耗占全市规模以上工业能耗的 47%。工业万元产值能耗 3.2 吨标准煤，是全市平均水平的 2 倍、全国的 2.8 倍、北京地区的 5 倍、苏州的 9 倍、日本的 15 倍。2010 年总耗水量约 23 亿吨，占全市的 54%。其中，武钢约 6 亿吨、阳逻电厂约 4 亿吨。工业万元产值用水量 270m³，是武汉市平均水平的 2 倍、全国的 2.7 倍。2010 年，工业废气排放量为 2610 亿立方米，占全市的 85%。工业废水排放量为 18756.8 万吨，占全市的 66%。工业粉尘排放量为 6850 吨，占全市的 50%。工业固体废弃物产生量为 759 万吨，占全市的 80%。

但武汉是一个资源贫乏的特大型城市，武汉所需的矿产、石油等资源完全从外省购入，原材料和能源的不足已成为武汉总体经济规模扩张的"瓶颈"。武汉市作为我国重要的工业基地和中部地区重要的中心城市，大力发展循环经济是走新型工业化道路的当务之急，在武汉的经济发展运行中，资源使用集约程度依然较低。通过提高资源利用水平和利用效率，进而降低企业生产成本，提高经济效益，提升竞争力有着较大的空间。

6.8.4　武东循环经济区的空间发展

鉴于该区域现状大型国有企业比重较高，重化工业特点突出，以高耗能、耗水为主，未来将充分利用产业转移和聚集的契机，以节能、减排、增效为目的，大力推进重化工产业，形成规范成熟的循环产业链。到 2020 年率先建成全国重化工业循环经济示范区，在实现经济总量翻一番的情况下，能耗和排放指标比 2010 年降低 40%。保证经济社会发展对资源环境的影响（用万元 GDP 能耗、水耗、"三废"排放量和单位面积土地产值等指标衡量）在全国达到示范水平。

　　其中，技术进步在经济增长中所占比例达到 30%～50%，接近我国东部一些发达省市目前的发展水平。单位能耗、排放等循环经济的主要指标降低约 70%，是武汉平均降幅的 3～5 倍，达到武汉市平均水平：工业万元产值能耗降低 70%，下降到 1 吨标准煤以内；工业万元产值耗水量降低 70%，降到 80m³ 以下；规模以上工业用水重复利用率提高到 80%；工业固体废弃物处置利用率达到 95%；污水集中处理率不低于 85%；城市生活垃圾资源利用率不低于 50%；二氧化硫的排放量和化学需氧量排放量削减 70%。

　　武东新城将充分借鉴和吸收我国沿海地区开放开发的经验与模式，在长江两岸构筑以江北与江南两大板块为核心的新兴增长极，打造阳逻西、武钢、北湖北等三个发展主节点，形成"一江两岸，两主两辅"的总体空间格局。

6.8.5　武东循环产业发展

　　以科技创新为引领，采用清洁生产技术和新工艺，大力降低原材料和资源、能源消耗，构筑高层次的产业结构，形成国际一流的少投入、高产出、低污染的绿色产业体系，"固废利用、中水回用"的绿色排放体系。

　　青山以钢铁冶炼为主，重点发展高附加值的板管类产品，同时延伸钢材加工产业链，培育大型钢构产业。北湖北以石化为主，发展石油精炼、精细化工，延伸石化产业链。阳逻西以电力、钢铁深加工为主，以"绿色钢都"为主题，壮大钢材深加工，引进桥梁制造等产业，降低单位产值的能耗。

　　同时，支持亚东水泥厂，利用阳逻电厂、青山热电厂、武钢等企业产生粉煤灰、煤渣、尾矿渣等，扩大生产线，生产强化水泥。预计生产规模可以扩大到 3 条生产线，水泥年产量达到 200 万吨。

　　利用阳逻电厂、武钢及北湖化工城脱硫产生的大量副产品——脱硫石膏，以及除尘后收集到的灰渣，在阳逻建设石膏建材厂，生产绿色环保石膏板和石膏粉，其中二水石膏可作水泥缓凝剂。该项目每年可产 3000 万平方米石膏板、30 万吨高档石膏粉。

　　建议建立企业之间的"联合供热"，提高蒸汽余热的梯级循环利用。由政府撮合，组建供热中心，建设热力供应管网，由阳逻电厂、武钢、青山热电厂等产热大户，向江南集团、中石化、80 万吨乙烯等纺织、印染、化工企业，输送余热、蒸汽，用于生产。在条件较好的阳逻地区实施市级"冬暖夏凉"工程，建设生活供热管网，利用阳逻电厂蒸汽，向居民区、办公区、企业、公共场所提供采暖、制冷和生活热水服务。

6.9 工业产业转型与旧城更新

由于城市空间逐步拓展的历史原因,武汉市有相当数量的工业企业被城市建成区所包围,滞留在旧城区,成为旧城的一部分。随着城市环境改善、产业结构调整、企业厂区扩张、城市用地置换等需要,大量工业产业用地被调整到城市外围,既可以促使城市产业转型,又能为旧城增添活力。

6.9.1 老工业基地改造

武汉属于中国传统的工业基地,主城区工业用地增长存在两个高峰期,即 20 世纪 50 年代后期、80 年代中期。到 20 世纪 90 年代初,工业用地基本处于稳定状态,随后 20 年三环以内地区的工业用地面积基本稳定在 36km² 左右。2011 年武汉主城区工业用地为 36.8km²。其中,一环以内工业用地面积在 1km² 左右,一环与二环之间在 10km² 左右,二环与三环之间为 25km² 左右。一环以内的工业用地还在逐步减少,二环与三环之间的关山、谌家矶等地区工业用地有所增加。2008~2012 年,武汉旧城工业改造腾退面积为 3.1km²。

未来,武汉市还需继续开展工业用地的"退二进三"工作,通过旧工业的改造实现:一是改善旧城环境和城市形象,特别是要外迁有污染、扰民、高消耗的工业企业。二是调整工业结构,通过"腾笼换鸟",既能淘汰不适应市场需要的工业产业和工业产品,又能优化和提升城市功能,增强中心城区现代服务业。三是增加城市基础设施、交通设施、绿化广场等用地,提升旧城运行效率,激化中心城活力。

建议按照"一环以内全部搬迁、二环以内逐步改造、三环以内严格控制"和"暂时保留都市工业,立即外迁改造化学工业和危险工业"的原则,重点改造长江沿线、古田、唐家墩、杨园、鹦鹉洲等地区的工业厂区。鉴于武汉旧城的建设强度已经非常高,建议改造外迁后的厂区以建设现代服务业、公益设施为主,不得用作住宅等房地产开发。

6.9.2 都市工业转型

为充分挖掘城市老工业基地的存量厂房资源,2003 年武汉市提出建设"都市工业区"的计划,分两期在全市 7 个中心城区建设硚口汉正街、江岸堤角、汉阳黄金口、武昌白沙洲、青山工人村、江汉现代、洪山左岭等 7 个有一定规模和产业特色的市级都市工业园区,规划范围合计 20.18km²,其中工业用地 11.84km²。为推进都市工业的发展,市政府还颁布了一系列的厂房收购、土地储备、人员安置、设备补偿等鼓励、扶持政策，随后在 2007 年，又扩充到 15 个都市工业园，规划区域总面积 24.07km²，其中工业用地 9.34km²（详见表 6-9）。鉴于都市工业区具有污染少、位于中心区、分布均衡、劳动密集等特点，对就地就业、职住平衡、促进中心城区经济发展等方面具有重要作用。

武汉都市工业园区情况   表 6-9

序号	园区名称	总面积（km²）	工业用地（km²）	主导工业	发展模式
1	堤角都市工业园	2.65	0.80	食品、机电、纺织	存量厂房改造、增量发展
2	杨汊湖都市工业园	1.27	0.42	服装、鞋类、电器	存量厂房改造、增量发展
3	常青都市工业园	1.83	0.44	服装、通信、电子	增量发展
4	宗关都市工业园	1.45	0.48	电器、家具	存量厂房改造
5	汉正街都市工业园	5.05	2.31	日用小商品、医药、新材料、机电	存量厂房改造、增量发展
6	七里庙都市工业园	1.49	0.47	电器、汽车零配件	存量厂房改造
7	鹦鹉洲都市工业园	0.68	0.30	机械、电器	存量厂房改造
8	建港都市工业园	0.50	0.19	食品、机电	存量厂房改造
9	八坦路都市工业园	2.29	1.22	印刷包装、玩具	存量厂房改造、增量发展
10	解放桥都市工业园	1.80	0.58	家具、交通设备制造	存量厂房改造
11	岳家嘴都市工业园	0.55	0.13	电子、通信设备	存量厂房改造
12	月亮湾都市工业园	1.60	0.69	机械、电子、电器	存量厂房改造
13	白沙洲都市工业园	1.63	0.68	木材加工、建材	存量厂房改造、增量发展
14	杨园都市工业园	0.66	0.29	服装、纺织	存量厂房改造
15	青山环保都市工业园	0.61	0.32	环保设备	增量发展
	合计	24.07	9.34		

资料来源：宋中英等 . 武汉都市工业区布局规划 [Z]. 2011。

经过近十年的发展，武汉都市工业园区得到壮大，大多以发展高技术、高效益的无污染和轻污染的工业为主，适当配套商贸和居住等功能。但同时，由于这些工业区位于中心城区，地理位置优势明显，物业价值较高，特别是随着土地价格的日趋增值，使得位于中心区的都市工业园区面临着产业转型，逐步向高新技术和服务业转型，需要进一步在空间上、功能上与城区中心融合，需要进一步提高园区多元化的公共服务职能，需要提高道路交通、生态环境等配套设施。

鉴于以上原因，建议支持武汉都市工业园区实现产业发展转型：一是转变单一的工业用地性质，允许提高土地使用效率和建设强度，引导园区由普通厂房向现代化厂房、智能化楼宇、工业楼宇转变，在城市功能上、空间上主动融入城市；二是加快工业的产业升级，在第二产业的基础上积极发展2、5产业，配套发展信息创意产业和生产性服务业，打造智慧型工业产业园区；三是改善园区环境景观和配套设施条件，允许配套部分商务办公、酒店公寓、商业休闲等设施，营造可持续发展环境。

6.9.3 重工业移地重生

"一五"、"二五"时期，在武汉建设了武钢、武重、武锅、武车、武船、一棉、江车、武烟、武客、武塑、长动、裕大华、武汉石化、武汉肉联、青山热电等20多家全国知名的大型国有工业企业，使武汉成为中国举足轻重的重工业基地，在30多年时间内工业产值一直位居中国各城市前4名。随着市场经济的冲击和城市建设的推动，特别是1999年武汉市出台《加快市区内污染工业企业搬迁改造若干规定》后，这些国有大型企业逐步实现了外迁改造，或者改制消失（详见表6-10），目前只有武钢没有搬迁。

武汉重型工业改造情况　　　　　　　　　　　　表6-10

武汉大型企业	是否改制	是否外迁	概　况
武钢 （武汉钢铁集团）	未改制	未搬迁	原址
武锅 （武汉锅炉厂）	改制	搬迁	始建于1954年。2009年9月武锅股份搬迁至东湖开发区
武船 （武昌造船厂）	改制	未搬迁	总部没有搬迁，但已在阳逻开发区、庙山开发区及青岛海西湾设有大型制造基地
武重 （武汉重型机械厂）	改制	搬迁	2011年10月并入中国兵器工业集团。2010年3月从武昌中北路整体迁至东湖开发区佛祖岭产业园
武烟 （武汉卷烟厂）	改制	未搬迁	1996年武汉卷烟厂成为武汉烟草集团下属企业，目前为湖北中烟工业公司的核心企业
武药 （武汉制药厂）	改制	未搬迁	1994年改制为武汉制药股份有限公司，2002年中国远大集团进入武药，更名为武汉远大制药集团有限公司
武塑 （武塑集团）	改制	搬迁	1988年12月改为集团公司，1996年12月在深交所挂牌交易，后迁至武汉开发区
一棉 （一棉集团）	改制	搬迁	2006年改制为民营企业，2012年5月厂区从中心城区彻底退出，搬迁至阳逻等地
武汉石化 （武汉石油化工厂）	改制	未搬迁	2007年8月武汉石化基本完成体制转换，武汉石油化工厂这个名字退出历史舞台

续表

武汉大型企业	是否改制	是否外迁	概　况
武汉有机 （武汉有机实业股份 有限公司）	改制	未搬迁	始建于 1956 年，是一家专业生产经营有机精细化工产品的化工企业。改制为民营企业
长江动力 （中国长江动力集团）	改制	待迁	2012 年 9 月经重组后并入央企
裕大华 （武汉裕大华集团）	改制	已迁	创建于 1919 年，原名武昌裕华纱厂。2010 年完成易地搬迁，迁往蔡甸区姚家山开发区
武汉肉联（武汉肉类 联合加工厂）	改制	未搬迁	曾是亚洲第一大肉类联合加工厂。2007 年 6 月与武汉万吨冷储有限公司重组，成立武汉肉联食品有限公司
武汉客车厂	改制	待迁	始建于 1958 年，隶属三环集团。2009 年三环集团与国创高科实业集团公司商定，从汉阳整体搬迁至江夏
武汉油脂化学厂	改制	已迁	老厂位于汉阳区月湖堤，改制分离出武汉一枝花油脂化工有限公司，现位于汉阳区永丰街四台工业园
武汉鼓风机厂	改制	已迁	2007 年 2 月，为国内首家登陆美国纳斯达克资本市场的企业。已从洪山区关山街外迁到东湖开发区藏龙岛科技园
武汉友谊复印机联系 制造公司	改制	不在	1989 年归并到武汉仪表工业联合公司后称为武汉仪器仪表自动化工业（集团）公司
武船	未改制	未搬迁	原址

注：历史上的武汉工业门类非常齐全，"武字头"大型企业还包括：武汉电视机厂、武汉缝纫机厂、武汉印染厂、武汉搪瓷厂、武汉照相机厂、武汉炭黑厂、武汉制氨厂、武汉洗衣机厂、武汉电视机元器件厂、武汉火柴厂等，这些企业早已不存在。

资料来源：梁超，《楚天金报》2012 年 11 月 6 日（有调整）。

　　重工业外迁改造是新产品、新工艺、新技术对工业企业本身发展的要求，促进了老企业的设备改造更新，产业结构优化，产品升级换代，降低生产成本。同时，也是城市建设"退二进三"的需要，有利于城市的功能优化、环境提升、交通组织。建议，武汉下一步应该抓住时机，继续促成中心城区大型工业企业的搬迁改造。

　　其中，武钢由于当年保留的 20km 宽的罗家港防护带已经被侵占开发利用，对青山、堤角等地区产生了非常严重的灰尘、酸雨等污染。未来应该结合中国钢铁产业的重组、提升，尤其是武汉高铁客运站的入驻机遇，逐步搬迁，进行新流程、新产品的升级改造。汉钢已经被武钢兼并，建议下一步结合汉江沿线文化旅游区的建设，进行置换开发建设。鉴于武船所在地段已经不能满足大型船舶建造的需要，而且鹦鹉洲大桥正在建设，对武船有一定的影响，青山船厂也需要进一步扩大规模，建议结合古龙船舶产业园的建设，将武船、青山船厂等搬迁至古龙产业园。武石化、武石油也可以结合武汉乙烯工程建设，进行工业改造，提档升级。

6.9.4　化工产业搬迁改造

由于历史原因，武汉市中心城存在许多化工企业。至 2007 年年底，武汉市三环线内有工商登记的化工生产企业 127 家，其中化学工业企业 120 家，医药化工企业 7 家，占地总面积为 111hm²（合 1665 亩）。从空间布局看，主城内化工企业主要分布在汉口地区，有化工企业 110 家，占地面积为 92hm²；武昌地区有化工企业 13 家，占地面积为 16hm²；汉阳地区有化工企业 4 家，占地面积为 3hm²。

按照市政府的要求，武汉市综合考虑化工企业的生产状况以及有关企业的意愿，于 2007 年开始对三环以内的 127 家化工企业采取搬迁、转产、升级改造和关停四种整治措施。其中，内迁 27 家企业至武汉化工新城，外迁 41 家企业至鄂州、黄冈、黄石、孝感、应城、仙桃等城市，转产 8 家企业发展都市型工业和现代服务业，升级改造 2 家医药生产企业，关停 46 家企业。

虽然对中心城区化工企业进行了搬迁改造，但还是存在棕地问题，腾退的用地不宜立即使用。建议对搬迁、转产后的化工企业厂房和用地，由环保部门组织进行环境评价，环评达标的土地可依据城市规划进行开发利用。尤其是原化工企业比较集中的古田地区，尚需对没有搬迁的远大制药厂、无机盐、双强、染料厂等化工企业加快迁移，同时需要按照国际比较通用、成熟的手段，进行科学处理，减小环境污染。

6.10　正确处理经济发展与资源保护的关系

6.10.1　"大发展"与"大生态"的辩证关系

从武汉所处的发展阶段与发展形势来看，武汉是一个发展中的城市，经济总量和综合实力还相对不足，尚正处产业、人口高速聚集和扩张时期，发展经济、发展生产力是第一要务，经济发展了，才能获得丰富的物质资源，才能实现生活得更自由、更舒适和更高的水平与质量。在工业经济的推动下，空间正在快速向外围区域拓展，拉开城市骨架，建立新的城市空间结构和发展秩序。

同时，促进生态环境的提升，拥有更贴近自然的生活环境，同样是广大市民所期盼的。环境的好坏、资源的多寡，都将影响到经济的发展。离开环境资源保护而发展经济是不可取的，而单纯地强调环境保护却忽略经济发展也是不可取的。另一方面，经济发展可以在资金、技术上支撑资源保护，环境保护也可以在资源上促进和服务经济发展。所以，建设"两型社会"、实现城乡统筹的目标要求武汉必须在经济快速发展中，防止城市摊大饼式蔓延发展，进一步保护独特的自然资源和生态环境，保护农业地区和基本农田。

国外有很多成功的办法和措施，处理快速发展时期城市空间拓展与生态保护的关系。如，巴黎的"带状拓展＋环形绿带"发展模式，将巴黎地区沿塞纳河形成2条平行城镇发展轴和3个环状城镇发展区，并设置了3个环形生态保护区。伦敦的"圈层拓展＋环形绿带"发展模式，由内到外划分了内圈、近郊圈、绿带圈与外圈等四个城镇发展圈，各圈以绿带隔离。莫斯科的"环楔结合＋多中心"发展模式，划定了8片城市发展区和8条放射型绿带（详见图6-13）。

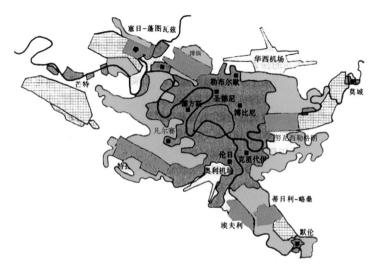

大巴黎地区

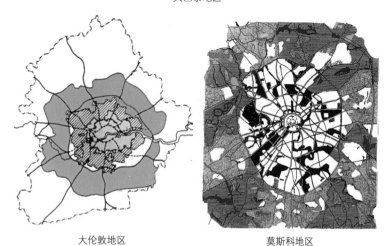

大伦敦地区　　　　　　　　　莫斯科地区

图6-13　城镇发展与生态保护的案例
资料来源：何梅，汪云，夏巍等.武汉生态框架规划[Z].2011。

因此，我们在推进工业经济发展和城镇空间拓展的同时，要注重保护山水自然资源、土地发展资源，维护生态环境安全，树立"大生态＋大发展"的理念，既支撑武汉经济社会的又好又快发展，又支持武汉自然资源的长期持续保护。

6.10.2　界定禁止和限制建设区

为了取得经济发展与生态保护的平衡，有必要对城镇发展空间进行界定，让其在一定范围内发展，其他地区限制建设或禁止建设。该项工作可以参考国家主体功能区的划分和管理办法开展。国内外很多城市也有类似经验，美国俄勒冈州的波特兰大都市区动态划定城市增长边界（UGB），深圳市明确划定禁、限、建区并以政府令的形式颁布《深圳市基本生态控制线管理规定》管理城市生态底线，香港政府以立法形式颁布《郊野公园条例》并划定和实施了 24 个郊野公园、4 个海岸公园和 17 个特别保护区（总面积达 430km^2，占香港约 40% 的土地面积）。

根据国内外经验，建议根据生态敏感性、建设适宜性、工程地质、资源保护等方面因素，将市域划分出城镇建设区、限制建设区、禁止建设区，对建设活动实行分区控制、分级管理。其中，城镇建设区是城镇发展的优先选择地区，是全市城镇建设的集中区域，也是工业经济发展的重点区域，应根据资源环境条件，科学合理地确定开发模式、规模和建设时序，调整优化用地功能结构，充分发挥土地资源效益，大力发展现代服务业和制造业，适当提高开发建设强度，进行集中式开发建设，提高土地复合利用水平，实现土地资源和城市空间的集约、节约利用。

建议将河湖水系及周边地区、水源保护区、山体及周边控制、风景名胜区、自然保护区、生态绿楔等，纳入禁止建设区，进行城乡生态保育与建设、历史文化保护等，建设森林公园、郊野公园，连通湖泊水系，引导和鼓励农村居民点的适当外迁和归并，使之向生态承载力大的地带集聚，向交通干线集聚，向自然条件优越的地区集聚，保护自然资源和生态环境。将其他生态资源特征不太明显，而且处于城市未来远景发展轴线上的用地纳入限制建设区，在符合一定条件的前提下可以用于建设。也可以将限制建设区作为城市发展的备用空间。

为了科学准确地评价武汉市域的生态敏感性，可将地基承载、高程、园地、林地、水资源分布、湿地分布、水体敏感性、地震地质灾害、土壤环境、土壤敏感性、水土流失和耕地、矿产资源及坡度、距离和可达性等作为生态评价因子，根据其对环境影响因素的权重关系，运用空间数据将各生态评价因子进行叠加分析，得出科学、合理的划定依据（详见图6-14）。

6.10.3　构建市域生态框架

　　武汉自然资源丰富，要保护"江、湖、山、城"的自然生态格局，构建合理的生态框架，建成山清水秀、人与自然和谐、具有滨江滨湖特色的生态城市。

　　根据计算流体力学（CFD）技术构建数字模型，计算武汉市主要风向的发生概率，从冬、夏主导风向分析研究武汉周边主要湿地对武汉城区的影响时发现（详见图6-15），在穿越城市的长江和汉水区域，温度明显低于其他区域，而且风速较大，

图6-14　武汉生态敏感性示意

对其周围的热环境影响较大。所以，长江、汉水可以作为天然的通风道，对其周边热环境进行调节。在城市周边区域，由于受到湖泊的影响，其周围温度相对较低，空气流动顺畅，有利于改善空气质量，能有效地改变周围的热环境。因此，可考虑将长江、汉水、周边湖泊与城市中的绿地通过城市道路连接起来，形成生态通道，增大城市中的通风，达到降低城市温度的目的。

　　基于以上分析，建议以长江、汉江为轴，组织武汉周边的6个大型风景区、5个国家级和省级湿地自然保护区、6个城市森林公园、7个郊野公园以及系列湖泊水域、山体绿地、生态农田等生态要素，沿道观河－大东湖、木兰山－武湖、府河、长河－后官湖、鲁湖－青菱湖、梁子湖－汤逊湖方向，构建6片放射状生态绿楔，

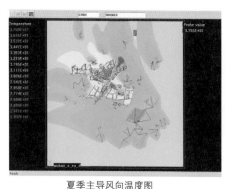

夏季主导风向温度图

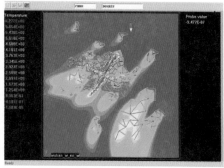

冬季主导风向温度图

图6-15　运用计算流体力学技术对武汉风道进行分析

形成贯通城市内外、延伸到主城内部的多向生态廊道、城市风道和冷桥，减缓城市热岛效应。同时，建议在主城与新城之间，沿城市三环线，控制足够宽的绿带，形成保护环。用环形绿带、放射型绿楔阻止新城连片蔓延式拓展，保持良好的城市生态空间，改善城市环境。

同时，保护和利用府河、倒水、举水、滠水、通顺河、金水、沙河等水系，串联市域主要湖泊，形成"黄陂—新洲片"、"汉口—东西湖片"、"汉阳—蔡甸片"、"武昌—江夏片"等4大连通水系，并与长江、汉江有机联系，形成覆盖全市的水系网络（详见图6-16）。"绿网"与"水网"结合，形成水网、绿网等"两网交融"的生态景观格局。

6.10.4 划定生态保护底线

鉴于武汉建成区周边绿化、山体、湖泊众多，环境景观较好，市场价格高，往往也成为房地产开发企业垂涎的地方。因此，为了有效地保护生态绿楔和自然资源不受侵占，武汉市已经开始组织都市区基本生态底线和城市增长边界划定工作，市政府还颁布了《武汉市基本生态控制线管理规定》，初步划定基本生态控制线保护范围1814km²。

按照目前的规定，纳入生态保护底线的包括：饮用水水源保护区；风景名胜区、森林公园及郊野公园的核心区、自然保护区；河流、湖泊、水库、湿地、重要的城市明渠及其保护范围；坡度大于16°的山体及其保护范围；高速公路、快速路、铁路以及重大市政公用设施的防护绿地；其他为维护生态系统完整性，需要进行严格保护的基本农田、林地、生态绿楔核心区、生态廊道等生态要素（详见图6-17）。

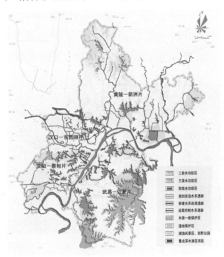

图6-16 武汉四大水网设想图

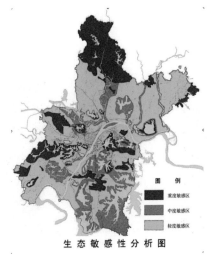

图6-17 武汉生态要素分析

从工业发展和空间拓展的角度，建议下一步的工作：一是报经武汉市人大正式批准全市生态底线划定方案。二是将全市尤其是远城区的生态底线全部在1:2000的地形图上予以落实，便于在项目建设中便捷地管理。三是将生态底线公之于众，以便在产业项目招商时，及时避免。总之，应将生态保护法定化、制度化，置于公众、人大和法律的监督之下。

6.11 基础设施和城市功能支撑

6.11.1 新城工业区综合发展要素

虽然，工业经济作为主要动力，可以推动城市空间向外围拓展，但是要想保持城市空间快速、持续、健康地按照既定目标、速度、方向发展，必须在交通、市政设施建设和居住、环境、公共设施等方面，做好对空间的支撑、服务、引导和对接。

所以，未来武汉新城的人口大量聚集和空间快速发展将主要依托以下几个要素：新城大型工业园区提供充足的就业机会，主城与新城之间的快速交通走廊解决时空距离问题，外围丰富的山水环境资源营造良好的生活条件，量大价低的房地产开发可以提供居住空间，新城区域性的公共服务中心和城市级大型医疗、体育、文化、旅游等设施提升新城的生活配套质量。

因此，以工业发展为先导、以公共中心为依托、以轨道交通为支撑、以生态环境为引力，强化"四个集中"，即规模化城市建设向新城中心集中、工业用地向示范园区集中、大运量公共交通向城镇发展轴集中、高品质公共服务中心向轨道站点集中，增强新城集聚度，使武汉外围的新城和工业园区获得强劲的发展动力、吸引力和活力，吸纳主城外迁的人口和外围城市化人口，并为各远城区提供工业经济发展平台。

6.11.2 区域交通与城际铁路

鉴于武汉的经济实力不足，需要进一步巩固经济腹地和市场空间，首要的是提高武汉的开放度和辐射力，发展对外交通与区域交通，强化与周边各城市的联系，做实武汉城市圈。

建议武汉加快完成天河机场三期扩建工程，开展第二机场前期选址研究工作。支持启动建设武汉至西安客运专线、武九客运专线等铁路线的建设。建成阳逻三期、古龙、白浒山等3个5000t级以上深水港区，实现武汉新港港口总吞吐能力突破2亿t、集装箱吞吐能力超过300万TEU的目标。全面建成天河机场、杨春湖枢纽、

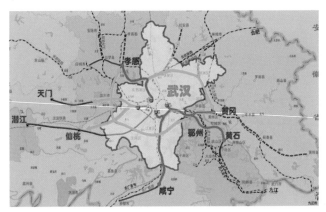

图6-18　武汉区域铁路系统规划示意图

汉口客运枢纽、武昌客运枢纽和流芳枢纽等综合型客运交通枢纽，强化主要客运枢纽间的快速衔接通道建设，实现旅客"零距离换乘"，使武汉市真正成为面向区域的综合交通枢纽（详见图6-18）。

特别是，作为最快捷、最经济、最有效的交通方式的城际铁路，武汉市要加快建设。建议在武汉市主要对外经济流动方向上，尽快建成至孝感、黄冈、黄石（鄂州）、咸宁等方向的城际铁路，启动武汉至天门、潜江和天河机场至黄陂等城际铁路建设。策划好黄陂至新洲、黄冈和鄂州至孝感等城际铁路，形成城际环线，以及黄陂至红安、新洲至麻城的城际铁路放射线。

6.11.3　快速交通走廊

在大型工业产业园区的推动下，武汉未来的城市空间将进一步向远郊拓展，新城区将距离城市中心愈来愈远。这就必须建立中心区至远郊区的快速交通通道，使远郊区在时距离上拉近与主城的关系，支撑城市空间外延（详见图6-19）。

所以，武汉市未来不仅要强化城市环线建设，更要重视放射型的交通走廊建设。为此，建议在武汉都市发展区的六大城市空间拓展轴上，强化公共交通导向（TOD）作用，引导城市"轴向拓展"，引导城市工业外迁。

应该按照"全面建成现代化大都市交通体系"的目标，迅速建成主城区内"三环＋三射"的快速路网络，同时在主城与每个新城之间，建设复合型的交通走廊。复合交通走廊主要由快速路、高速公路、轨道交通组成，形成"多快多轨"集合而成的快速交通通道（详见图6-20）。个别新城可以采取快速公交系统（BRT）、轮渡，甚至可以借助城际铁路。其中，快速路可以服务沿线小型城市功能区，服务轴线上的空间发展。高速公路只承担主城与新城的"点到点"的交通服务，以

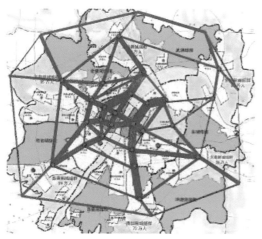

图6-19　武汉2020年车流分布期望线图

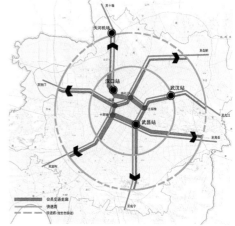

图6-20　综合交通走廊构造图

取得快速交通效果。

通过交通走廊建设，可以在主城二环线至新城之间实现"30分钟车程"的畅通目标，形成以轨道交通为主体的市域公共客运交通系统，基本实现城镇人口50%享受快速公共交通、公共客运出行时间不超过50分钟、公交分担率达到30%以上的目标和标准，极大地改善新城居民的出行条件，大幅提升新城的吸引力，提高城市运营效率。

6.11.4　生活居住配套

早期经典城市发展理论和城市规划方法都崇尚功能分区的观念，认为城市空间主要按照居住、工业、公共服务等进行严格的分区，特别是在工业化阶段，工业与居住必须分开设置，减少工业对城市和居住的干扰和污染。当前，鉴于城市工业的流程改进、工业污染的有效控制、低碳生活的倡导，尤其是特大城市存在钟摆式交通的困境，国内外大城市均逐步推行"职住就地平衡"的规划理念，在广域范围实现就业岗位与居住空间的相对融合。

为了有效解决远城工业园区职工的居住问题，尽可能减少主城与新城之间的交通发生，同时也是提高远城区对工业企业的吸引力，建议充分利用远城区丰富的自然资源、优良的环境品质、充沛的土地资源、低廉的建设成本，结合各大型工业园区，集中建设居住区。以工业就业为核心，以生活居住为支撑，加强商业、教育、医疗、文化、体育等服务配套，在新城构建就业充分、生活便捷的"15分钟就业居住生活圈"。保护和利用好自然山水资源，打造"一城一景"特色风光区，把新城工业区建设成为武汉市未来环境最美、品质最优、生活便捷、极具活力的新城区。

6.11.5 公共服务中心

武汉多轮城市总体规划提出了建设新城中心,但是新城中心的建设实施程度较低,大部分中心建设实施率位于 20%~30% 之间。其中,盘龙、吴家山、常福、阳逻等新城中心尚未开始建设,这些直接导致了各新城中心未能构建起等级分明、职能协调的"网状"结构,而是以各街镇中心的"点状"形态存在。也有些新城中心,如阳逻、盘龙城、常福等,依托内生动力与资源和临近主城的区位优势,逐步发展壮大,对原有的区级行政中心(即邾城、前川、蔡甸)形成竞争,形态上出现"一区两镇"的双中心、离散化趋势。

从国内外大都市区的发展看,因为城市规模、范围的扩大,城市中心的服务半径满足不了全市需要,于是在新城规划布置购物中心、体育中心、文化中心、行政管理中心等,主要大型公共服务设施集聚发展,形成强有力的新城公共中心,城市空间结构均呈现从单核心转向多中心、由单一线性向有机网络演化的趋向。部分新城中心还发育为大都市区的副中心。集中建设功能完善的中心区,可以极大地增强新城的吸引力,有助于形成强有力城市的"反磁力",促进人口、产业等功能向新城集聚,促进城市郊区化和新城快速发展。

未来,结合新城工业园区、居住区布局,根据交通便利、土地价值、用地潜力、设施完善、结合总体规划、尊重现状布局的原则,选择建设新城中心,特别是在接近快速路、围绕轨道站点,有较大拓展空间,土地价值较高,有完善的供水、供电、供热、环卫等市政设施或设施配套的可能性的地方,布置新城中心区,支撑和引导新城工业区发展。

6.11.6 基础设施配备

鉴于工业发展对资源和能源供应的需要,以及对废弃物的处理和排放的需要,需要配套建设城市基础设施。城市基础设施一般包含城市能源系统、水源给水排水系统、交通运输系统、邮电通信系统、城市生态环境保护系统、城市防灾系统等六大系统。可见,城市基础设施是国民经济系统在城市地域的延伸,是城市生存和发展的重要基础,是城市工业经济不可缺少的条件,是城市产生聚集效益的决定因素。

因为基础设施具有服务的同一性和公共性、运营的系统性和协调性、建设的超前性和同步性,所以新城工业园区的基础设施必须按照标准足额配备、提前建设。特别是给水设施、污水处理和排放设施、环境保护设施,要严格按照国家有关规定执行。

7

研究结论及展望

当前，在全球金融危机的沉重打击下，世界各大城市开始重新评估工业经济的重要性和作用。武汉市提出的"工业倍增计划"已经得到认真贯彻和落实，工业经济必将影响和推动武汉未来一段时间城市空间的拓展。此时，科学分析和研究城市工业发展、预测城市空间布局，不仅非常必要性，而且具有现实指导意义。

7.1 本次研究结论

本书对工业经济和城市空间的基础理论进行了梳理和研究，分析了工业产业发展推动城市空间拓展的机理和机制，总结了武汉工业发展和空间布局演变的历史脉络，提出了未来在工业经济的策动下武汉空间发展的基本特征和主要方向，研讨了各工业产业对城市空间的影响机理，并分两个阶段对未来武汉城市空间发展和布局结合进行了分析、判断和预测。在此框架下，本研究得出以下主要结论。

7.1.1 工业经济与城市空间关系

（1）工业经济与城市空间是相互依存、耦合联动、同向发展的关系。工业脱离农业并产生企业聚集和工业企业的内部分工导致了城市的产生和发展，工业企业的组合关系和辐射范围决定了城市发展规模和空间结构，工业结构转型、转移以及工业集群的构建和产业链的延伸模式引导了城市空间的拓展方向，影响了区域城市群结构的形成，所以城市中的工业化与城市化具有非常重要的关联性。

（2）工业经济在国民经济体系中占据重要地位，是城市经济的命脉。工业经济的每一次突破性变革都导致了人类社会的跨越式发展，工业经济作为城市的基本产业通过乘数效应、链式反应影响城市整体经济，工业经济不但占据国民经济的主要比例，还创造了大量城市就业，尤其是能够解决中低技术水平的人员就业，造就了大批中产阶级，稳定了社会、稳定了经济。

（3）作为城市最重要的功能设施、最大的空间使用者，工业是城市形态、功能、空间结构的主导因素和组织者。工业用地一般占建成区的20%~30% 左右，是城市土地使用的最重要门类，工业经济的规模效益和产业链关系影响了城市用地的聚集度，工业用地分布框架影响了城市用地布局和空间结构，影响了生产性服务业用地布局和基础设施布局，决定了城市人口和就业分布，工业经济发展主导了城市空间拓展。

7.1.2 工业增长和城市拓展特征

（1）工业经济增长主要依靠要素规模投入、科技效率提升等两种方式，二者交互主导或者综合作用，影响经济增长模式，在不同的时间段，从低级到高级分别有要素驱动、投资驱动、创新驱动、财富驱动等,决定了工业经济增长的影响效果不尽相同,呈现螺旋上升的阶段性特征。

(2)工业化是城市化最重要的驱动力,是城市空间组织演变的主导因素,是决定城市"向心发展"和"离心发展"的重要因素。

(3)工业经济发展或产业结构调整,带来了工业用地转移(即用地布局调整)和工业用地扩张,前者影响城市空间结构转变,后者影响城市规模拓展,同时前者还通过就业引发城市人口迁移,从而也直接影响到城市用地规模扩展和布局变化。工业化的阶段变化和人口增长演变,加之社会经济要素,以及城市拓展门槛、城市财力、基础设施、国家政策、城乡规划等因素的变化影响,导致城市空间呈波浪式变动、跳跃式拓展,基本会经历"点状发展—触角生成—轴间填充—触角再生"的演变过程。

7.1.3 工业经济主导城市空间的机制

(1)工业经济作为城市用地变迁的必要条件和主要要素,通过产业结构、经济结构的转换、升级以及自身的工业化进程,促进城市化的快速发展与城市用地的逐步外推。在城市经济发展中,主导工业产业相继会经历"轻纺工业—重化工业—重加工工业"的阶段,城市化则相应会呈现缓慢发展—加速发展—缓慢发展的过程。经济发展速度决定了城市空间扩展速度,经济发展的周期性变化决定了城市空间扩展模式的周期性更替,工业与空间之间同步发展、同步转移。

(2)对上述关系作进一步说明:前期,工业产业以劳动密集型的纺织、食品、日用产品等轻工业为主,城市化增长比较缓慢;中期,工业产业以资本密集型的煤炭、石油、电力等能源工业,钢铁、化学、机械、汽车等重化工业为主,建设用地需求剧增,城市规模加速扩大;后期,工业产业以技术密集型的电气设备、航空工业、精密机械、核能工业等产业为主,用地集约、需求减少,空间相对萎缩;成熟期,工业产业以信息产业、电子工业、新材料、生物工程、海洋工程、航天工程等知识密集型产业为主,用地规模趋于稳定,城市空间出现调整和优化。

7.1.4 武汉城市空间拓展历史轨迹

(1)根据工业产业的类型和结构分析,武汉一百多年来的工业发展主要经历了四个主要阶段,即近代至新中国成立前是中国近现代工业的发源地,新中国成立后到改革开放之前是综合性工业基地,改革开放后至促进中部崛起战略前是中国中西部对外开放的桥头堡,中部崛起战略实施后被认为是中部战略支点,至今是具有全国示范效应的自主创新区。从武汉工业发展轨迹可以看出武汉的经济实力和城市地位基本处于逐步下降通道。参考国际通用做法,对武汉经济发展的阶段性进行研究得知，武汉总体上正处于工业化中后期阶段。

（2）研究判断，武汉目前的经济增长方式正在由粗放型增长向集约型增长方式转变，消费结构由生存需要转向发展与享受需要，将会刺激工业和服务业的进一步发展。工业经济发展尚未进入"刘易斯拐点"，工业将继续大量吸收农业剩余劳动力，城市就业压力将迫使服务业粗放式发展。本阶段经济增长的主导因素从资源驱动向物质资本和技术进步驱动转换。

（3）武汉每一次新兴产业的出现，都促使城市空间出现较大变化。对应工业经济的发展阶段，武汉市城市空间呈现出跳跃式拓展特征。依次是：在近代工业萌芽之初，城市空间沿长江、汉江等水运便捷之处呈现点状布置；在大型重型工业企业向外部署的带动下，空间呈现跳跃型布局发展态势；在中型工业企业布局的影响下，城市空间沿对外道路轴向推进；在市场指引下的工业，因为基础设施共享、就近布局，空间呈现轴间环状填充的形态；在产业外迁、发展周围"新城区"的引导下，大型工业园区在外围聚集，城市空间呈现分圈层布局的形态。

（4）研究发现，随着工业经济的兴衰起伏，城市空间发展速度也随之三起三落。其中，三次快速发展是：汉口开埠后至辛亥革命时期的近代工业大繁荣、"一五"和"二五"时期的大型工业企业建设、当前实施的"工业倍增计划"。三次发展缓慢是：新中国成立前、新中国成立初的战乱破坏和国民经济恢复、"文化大革命"时期国民经济发展迟缓、改革开放后十年的城市环境品质提升。

7.1.5 未来武汉空间拓展趋势

（1）综合分析了当前工业经济和城市发展存在的主要问题：武汉整体经济发展不足、经济实力不强、城市地位下降、对区域的服务和辐射带动效应不明显；工业发展相对偏缓，产业关联度低，竞争力还不够强；制造业发展层次不高，附加值低，产业能源消耗量大，行业可持续发展能力较弱；城市空间分散，缺乏集中建设区，土地集约利用水平和产出效益较低；工业园区布局不够集中，建成规模较小，工业用地入园率和项目建成率偏低；交通和基础设施建设的系统性和前瞻性不强，生态保护压力大。

（2）研究认为，武汉城市空间拓展的工业经济推动力非常明显，武汉获得了一系列包括中部地区崛起、"两型社会"建设、自主创新示范等国家战略支持；武汉具备后发优势和工业经济成熟后的经济转型需求；市区两级分工刺激下的远城区工业发展动力强劲。同时，武汉还具备区位交通、教育科技、土地和自然资源等优势，这些都为武汉工业经济快速发展提供了动力。

（3）在分析和比较了集中与分散、圈层与轴向、主城与新城等城市空间拓展模式后认为，在工业经济推动下，武汉未来城市空间拓展将成为两个阶段。

第一阶段大约在 2030 年之前，武汉市尚处于数量增长阶段，城市空间扩展将以"顺江拓展"、"背江延伸"为主，呈现近域扩展、"十字形"发展态势，在主城外围地区形成六个"小三角"的经济产业与城镇拓展区，带动武汉六大综合新城和四大经济板块发展；第二阶段大约在 2030~2050 年，武汉将成为真正的区域中心城市，基于"双统筹"的分析，认为工业发展和空间扩展将突破行政辖区，在城市圈内整体布局，并推测有"2+2"、"3+6+3"、"3+4+3"等三种可能的空间布局结构。

7.2 基于工业策动的空间发展建议

工业化与城市化是相互促进的复杂过程，在中国目前的发展阶段，工业化往往占据主导地位，推动了城市化发展，城市建设和发展要主动适应工业发展的需要，为工业发展创造条件。但同时工业化常常也受制于城市化，需要城市为之提供充足的空间，配套高效的交通、市政等设施。

7.2.1 仍需重视工业经济发展

工业和工业经济对城市社会发展和国民经济的影响依然强大，在努力提升服务业的同时，必须保持和推动工业经济的发展。工业发展对城市空间布局和拓展有较大影响，甚至起到主导性和决定性的作用，工业用地的需求规模和空间布局往往成为推动城市空间结构转变的重要因素。

重视工业经济发展首先要确立"无工不富"的思想，树立"经济建设以工业经济为中心"的发展理念。城市政府不但不能有"去工业化"的念头，而且还要引导更多社会资金、技术、人才投向工业经济。在武汉，要充分利用科教优势，重视产业技术平台建设，与科研院所共同组建具有高科技孵化功能和技术攻关功能的产业技术联盟，不断增强产业的成长力。要坚持制造业、服务业的双轮驱动，走新型工业化道路，尤其是要以高技术产业带动先进制造业大发展，以先进制造业促进现代服务业发展，加快产业结构优化和增长方式转变，全面提升经济实力。

重视工业经济发展必须防止城市工业产业空心化和虚拟化。目前，中国在产业结构升级转型的同时，遇到了实体经济生存和发展空间趋小、中小企业融资难和民间资本投资难，企业不愿意做实业，资金热衷于炒房、炒钱赚快钱。所以，要重视实体经济，鼓励实业致富，切实解决中小企业存在的发展困难，防止实业"空心化"。

在土地资源上需要保障工业用地需求，保证工业发展空间。但同时，也不要唯 GDP 是论，打着发展工业产业的名义跑马圈地，盲目扩大城市建设用地，导致土地资源浪费。更不能假借工业发展，政府搞"土地财政"，企业搞"项目占地"，房地产商搞"借壳置换"。

7.2.2 构建利于工业发展的城市框架

工业产业是城市发展的基础，特别是新城发展的基础，必须顺应工业产业的演进规律、工业产业的关联性、与生产资源的关系，规划构建合理的城市框架。根据工业产业的门类、用地特征确定新城发展规模，不能简单地按照"以人定地"的常规思维模式单向决策。在区域发展中，要根据城市之间的产业集群互补关系，来研究确定城市之间的经济协作关系和各城市发展规模。

各工业园区是城市建设和发展的重要经济支柱，要坚持集约化、规模化布局的原则，优化、整合和提升各类工业园区、经济开发区，做好各类园区的空间发展规划与产业集群发展规划的衔接，按照产业环境、生态构架、资源需求等要素，科学地研究并合理确定工业产业园区的定位、规模，优化企业之间的生产协作流程。加快各种生产要素的集聚，合理规划、积极引导城市土地的投入方向，使城市建设资源向优势项目、优势企业集中，鼓励企业集约化用地、规模化经营，以提高工业用地的使用效率。

凭借工业经济的强大聚集力和承载力，推动城市尤其是新城的发展和壮大。科学引导工业园区向城镇主要空间走廊集中布置，减少零星工业点布局。国外城市化的实践证明，适度的城市混合区，不但经济活力增强，而且还有利于形成合理的城市功能布局，减少通勤交通拥堵，提高土地使用效率。为了支持工业发展，在城市空间布局上可以适当考虑混合居住，科学安排工业园区与居住区的布局结构，实现一定区域内的居住与工作的就地平衡。

在区域方面，根据武汉工业发展阶段，依托武汉城市圈内的各种资源优势，鼓励纺织服装、医药化工、机械加工等配套企业向武汉周边城市转移，引导周边城市的企业扩大配套规模，打造以武汉为核心的钢铁及钢材加工走廊、纺织服装生产走廊、农产品加工走廊、石油化工走廊，建设化工医药、高新技术产业基地，科学布局武汉城市圈整体空间结构。

7.2.3 注重工业经济的服务功能和设施配套

科学的城市化会为工业化提供良好的外部条件，城市发展什么样的工业体系、工业园区发展什么样的产业门类、新城被赋予什么样的职能，在一定程度上决定了城市人口的迁移和聚集的方向及模式。要通过工业产业促进主城工业和人口外迁，推动新城区发展。如果新城和产业园区没有独立于城区的职能、完善的生活服务设施和各种就业机会，将难以真正形成主城的反磁力系统。所以，工业经济和工业园区发展需要有强大的基础供应设施和公共服务设施作为支撑，工业化到什么阶段就需要什么阶段的城市化与之相适应，城市就要提供对应的城市功能和基础设施。要强化工业园区，特别是新城工业区的基础设施建设，构建主城与新城工业园区之间的快速综合交通走廊。按照同步规划、同步实施的原则，实施给水排水、污水处理设施建设，根据工业产品类型，配备必要的物流、仓储设施。

重视提高新城工业园区的公共服务网络体系配套。城市公共服务网络体系，如公共交通网络、文化娱乐、学校和科研机构、商务办公、医疗卫生等，对产业集群化有明显的正向外部性，应有意识地强化公共服务体系建设，将配套齐全的公共设施按不同等级和服务范围进行布局，最终建立起开放式的多中心等级服务网络体系。

完善工业产业链的公共服务体系，建立工业企业供需配套平台。配套建设会展博览设施，举办各类产品的博览会、展销会和配套活动，宣传产业集群的区域品牌、企业品牌，促进产业集群专业市场的发展和物流平台的形成。

7.2.4 依据经济规律建设管理城市

城市管理部门要加强顶层设计和战略谋划，优化工业产业发展的制度和环境，营造利于工业经济发展的政策环境。大力推进现代工业体系建设，按照工业转轨转型升级的要求，改造提升传统制造业，着力发展战略性新兴产业，提高整个产业体系。在全力发展工业产业的同时，要树立绿色发展理念，通过激励和约束机制，逐步淘汰落后产能，以提高资源的利用效率，强化低碳技术的研发和推广，增强工业产业的可持续发展能力。

根据工业经济发展阶段，适时推进工业园区和新城建设，工业园区和新城建设只在城市快速发展时期才有可能大规模展开。当前武汉综合经济实力远高于当年广州、天津启动新区建设时的能级，城市建设速度也进入了全面加快阶段，更有能力集中开发建设工业新区和新城。

减少政府的过度干预，城市工业经济体系的建设，特别是工业产业链的建设，要以市场为导向，特别是区域内的开发区、工业园区的建设，不能强拉硬建。要处理好城市化率与工业化率、生产服务业等三者的关系。工业化要系统地判断工业产业在城市内的演进、升级、技术改造、产业关联和产业布局中的中、长期趋势；城市化要全面判定城市未来功能的调整，城市10~20年内社会经济的承载能力，城市基础设施和土地占用的长远需求；生产服务业要做好对工业产业的长期配套和功能提升。

7.3　后续研究展望

作者试图运用经济学、城市规划学的理论，研究、解析和建立工业经济增长的阶段性与空间拓展的跳跃性之间的关联性，但是工业经济与城市空间之间的关系错综复杂，既有正向关系，也存在逆向关系，既有直接关系，又有间接关系。所以，仍然有许多研究领域、许多经典案例、许多分析方法，值得进一步思考、探讨和利用。作者结合在本书研究过程中的经验和尝试，认为有以下几个方面可以开展持续研究。

7.3.1　定量化研究

（1）主要采取的是定性研究和推理分析，虽然运用了 CAD、GIS 等计量方法，进行了统计、推算、演示，但是鉴于工业增长与空间拓展之间的复杂关系，模型建立和典型城市海量数据的获取非常困难，对经济增长与空间拓展之间关系的定量研究，如 I/U 和 N/U 测度等没有开展。建议可以从这个方面开展深化研究。

（2）基于工业发展对城市未来空间发展的方向、范围、结构进行了研究，但是没有对城市空间规模进行定量研究和预测。建议可以结合工业经济增长量的预测，对城市未来的发展规模进行估算，特别是对基于武汉的工业经济发展的城市产业集中度、空间聚集度、工业产业区位熵等进行研究，提出更为科学、准确的结论，对城市管理的意义会更大。

（3）目前业界已经提出了放射状指数（radial shape index）、延伸率（elongation batio）、城市布局分散系数等有关空间布局的计量模型公式，可以从这方面着手开展计量研究和空间预测。

7.3.2　其他深化研究

本书重点关注和推演了工业经济总量对城市空间发展的关系，但是在研究过程中，作者认为工业经济的类型、层次、结构对城市空间也有很大关系，所以建议可以对此开展进一步研究。

参考文献

1. 中文文献

[1] 刘易斯·芒福德著. 城市发展史——起源、演变和前景 [M]. 宋俊岭, 倪文彦译. 北京：中国建筑工业出版社, 2005.

[2] 雅各布斯著. 城市与国家财富 [M]. 金洁译. 北京：中信出版社, 2008.

[3] 范家骧, 高天虹. 罗斯托经济成长理论 [J]. 经济纵横, 1988（9）.

[4] 林毅夫. 李约瑟之谜、韦伯疑问和中国的奇迹：自宋以来的长期经济发展 [J]. 北京大学学报（哲学社会科学版）, 2007（44）.

[5] 敬东, 谢杰雄. 交易成本理论对城市及区域规划的影响——评艾伦·斯科特的"新工业区位论" [J]. 城市研究, 1999（3）.

[6] 周一星. 城市地理求索 [M]. 北京：商务印书馆, 2010.

[7] 陈斐. 区域空间经济关联模式分析：理论与实证研究 [M]. 北京：中国社会科学出版社, 2008.

[8] 徐巨洲. 探索城市发展与经济长波的关系 [J]. 城市规划, 1997（5）.

[9] 敬东. 经济长波理论与城市发展和城市开发 [J]. 现代城市研究, 2000（2）.

[10] 谷国锋. 区域经济系统研究中的动力学方法与模型 [J]. 东北师大学报（自然科学版）, 2003（4）.

[11] 梁琦, 刘厚俊. 产业区位生命周期理论研究 [J]. 南京大学学报（哲学·人文科学·社会科学版）, 2003（5）.

[12] 周一星. 中国城市工业产出水平与城市规模的关系 [J]. 经济研究, 1988（5）.

[13] 陆大道. 中国工业布局的理论与实践 [M]. 北京：科学出版社, 1990.

[14] 顾朝林, 甄峰, 张京祥. 集聚与扩散：城市空间结构新论 [M]. 南京：东南大学出版社, 2000.

[15] 袁为鹏. 聚集与扩散：中国近代工业布局 [M]. 上海：上海财经大学出版社, 2007.

[16] 李国武. 技术扩散与产业聚集：原发型产业集群形成机制研究 [M]. 上海：格致出版社, 2009.

[17] 李红继. 中国城市经济增长模型及实证分析 [J]. 现代财经, 2003（2）.

[18] 江曼琦. 改革和转变对我国大城市工业企业布局的影响 [J]. 城市规划汇刊, 1994（5）.

[19] 费洪平. 产业带空间演化的理论研究 [J]. 热带地理, 1993（3）.

[20] 刘云，刘卿新．工业化的忧思 [J]．企业管理，2011（4）．

[21] 方齐云，王伟波，傅波航等．国家战略下的武汉工业政策演变研究报告 [R]，2011．

[22] 徐东云，张雷，兰荣娟．城市空间扩展理论综述 [J]．生产力研究，2009（6）．

[23] 许婧婧，刁承泰，何丹，李养兵，孙秀峰．我国特大城市用地的影响因子变化分析 [J]．安徽农业科学，2006（2）．

[24] 李英杰，杨永春．转型期中国城市生长影响因素的实证分析 [A]．规划创新：2010 中国城市规划年会论文集，2010．

[25] 廖明中．转型时期中国城市增长的决定因素——基于 205 个地级以上城市的实证分析 [J]．开放导报，2009（3）．

[26] 林炳耀．城市空间形态的计量方法及其评价 [J]．城市规划汇刊，1998（3）．

[27] 刘盛和．城市土地利用扩展的空间模式与动力机制 [J]．地理科学进展，2002（1）．

[28] 刘艳军，李诚固，孙迪．城市区域空间结构——系统演化及驱动机制 [J]．城市规划学刊，2006（6）．

[29] 刘涛，曹广忠．城市用地扩张及驱动力研究进展 [J]．地理科学进展，2010（2）．

[30] 邵晖．从分工视角解读城市产业空间结构的演变机理 [J]．城市问题，2011（8）．

[31] 王新生，刘纪远，庄大方等．中国特大城市空间形态变化的时空特征 [J]．地理学报，2005（3）．

[32] 石忆邵等．国际大都市建设用地与结构比较研究 [M]．北京：中国建筑工业出版社，2010．

[33] 李松，崔大树．城市空间耗散结构演化的特征和"熵"机制——关于城市空间耗散结构研究综述 [J]．企业导报，2011（10）．

[34] 黄亚平．城市空间理论与空间分析 [M]．南京：东南大学出版社，2002．

[35] 赵燕菁．高速发展条件下的城市增长模式 [J]．国外城市规划，2001（1）．

[36] 王旭．美国城市化的历史解读 [M]．长沙：岳麓书社，2003．

[37] 谈明洪，李秀彬，吕昌河．我国城市用地扩张的驱动力分析 [J]．经济地理，2003（2）．

[38] 巴曙松，邢毓静，杨现领．城市化与经济增长的动力：一种长期观点 [J]．改革与战略，2010（2）．

[39] 谈明洪，李秀彬，吕昌河．20 世纪 90 年代中国大中城市建设用地扩张及其对耕地的占用 [J]．中国科学（D 辑），2004，34（12）．

[40] 谈明洪，吕昌河．以建成区面积表征的中国城市规模分布 [J]．地理学报，2003，58（2）．

[41] 刘纪远，刘明亮，庄大方等．中国近期土地利用变化的空间格局分析 [J]．中国

科学（D 辑），2002，32（12）.

[42] 姜海，夏燕榕，曲福田 . 建设用地扩张对经济增长的贡献及其区域差异研究 [J].
中国土地科学，2009（8）.

[43] 徐巨洲 . 探索城市发展与经济长波的关系 [J]. 城市规划，1997（5）.

[44] 吕力 . 产业集聚、扩散与城市化发展 [D]. 武汉：武汉大学，2005.

[45] 周一星 . 中国城市工业产出水平与城市规模的关系 [J]. 经济研究，1988（5）.

[46] 胡晓玲 . 企业、城市与区域的演化与机制 [M]. 南京：东南大学出版社，2009.

[47] 江曼琦 . 城市空间结构优化的经济分析 [M]. 北京：人民出版社，2001.

[48] 陈宗兴 . 经济活动的空间分析 [M]. 西安：陕西人民出版社，1989.

[49] 段禄峰，张沛 . 我国城镇化与工业化协调发展问题研究 [J]. 城市发展研究，
2009（7）.

[50] 达捷 . 我国工业化与城市化协调发展研究 [J]. 经济体制改革，2007（2）.

[51] 朱海玲，龚曙明 . 中国工业化与城镇化联动和互动的研究 [J]. 统计与决策，
2010（13）.

[52] 范红忠 . 中国的城市化与区域协调发展：基于生产和人口空间分布的视角 [M].
北京：中国社会科学出版社，2010.

[53] 刘涛，曹广忠，边雪，郜晓雯 . 城镇化与工业化及经济社会发展的协调性评价
及规律性探讨 [J]. 人文地理，2010（6）.

[54] 夏永祥 . 工业化与城市化：成本分摊与收益分配 [J]. 江海学刊，2006（5）.

[55] 郭克莎 . 工业化与城市化关系的经济学分析 [J]. 中国社会科学，2002（2）.

[56] 袁丽丽 . 产业结构与城市用地空间结构双优化研究 [J]. 经济师，2008（8）.

[57] 夏艳婷，翟宁 . 城市空间结构优化研究综述——基于产业结构与土地利用结构
关系的视角 [J]. 沿海企业与科技，2010（8）.

[58] 景普秋，陈甬军 . 中国工业化与城市化进程中农村劳动力转移机制研究 [J]. 东
南学术，2004（4）.

[59] 赵可，张安录 . 城市建设用地、经济发展与城市化关系的计量分析 [J]. 中国人
口资源与环境，2011（1）.

[60] 陈明星，陆大道，查良松 . 中国城市化与经济发展水平关系的国际比较 [J]. 地
理研究，2009（2）.

[61] 李金昌，程开明 . 中国城市化与经济增长的动态计量分析 [J]. 财经研究，2006（9）.

[62] 王景斌 . 经济增长方式的阶段性规律与理论阐释 [J]. 经营管理者，2009（17）.

[63] 董直庆，王林辉 . 分类要素贡献和中国经济增长根源的对比检验 [J]. 经济科学，
2007（6）.

[64] 陈柳钦 . 产业发展：城市化健康发展的持续动力 [J]. 岭南学刊，2004（6）.

[65] 宗跃光. 大都市空间扩展的周期性特征——以美国华盛顿巴尔的摩地区为例 [J]. 地理学报，2005（3）.

[66] 赵伟. 工业化与城市化：沿海三大区域模式及其演化机理分析 [J]. 社会科学战线，2009（11）.

[67] 鲁春阳，杨庆媛，文枫，龙拥军. 城市用地结构与产业结构关联的实证研究——以重庆市为例 [J]. 城市发展研究，2010（1）.

[68] 刘艳军，李诚固，徐一伟. 城市产业结构升级与空间结构形态演变研究——以长春市为例 [J]. 人文地理，2007（4）.

[69] 罗静. 区域空间结构与经济发展 [D]. 武汉：华中科技大学，2005.

[70] 吴雪飞. 武汉城市空间扩展的轨迹及特征 [J]. 华中建筑，2004（2）.

[71] 杨云彦，田艳平，易成栋，何雄. 大城市的内部迁移与城市空间动态分析——以武汉市为例 [J]. 人口研究，2004（2）.

[72] 李文波. 城市用地规模变化及其驱动机制研究——以武汉市为例 [D]. 武汉：华中农业大学，2007.

[73] 李军，谢宗孝，任晓华. 武汉市产业结构与城市用地及空间形态的变化 [J]. 武汉大学学报（工学版），2002（5）.

[74] 洪亮平，刘奇志. 武汉市城市空间结构发展的基本策略 [J]. 新建筑，2000（4）.

[75] 杨秀实. 试论古代武汉城市发展的阶段性 [J]. 中南民族学院学报（哲学社会科学版），1991（3）.

[76] 李颖. 城市化进程中工业区的变迁——以武汉市工业区为例 [D]. 武汉：华中科技大学，2006.

[77] 王磊. 城市产业结构调整与城市空间结构演化——以武汉市为例 [J]. 城市规划汇刊，2001（3）.

[78] 胡晓玲，徐建刚等. 快速转型期老工业基地工业用地调整研究——以武汉为例 [J]. 城市规划，2007（5）.

[79] 胡晓玲. 制造业布局与武汉城市空间变迁，让历史告诉未来——武汉制造业的回顾与反思 [M]. 武汉：武汉出版社，2007.

[80] 黄长义. 张之洞的工业化思想与武汉早期工业化进程 [J]. 江汉论坛，2004（3）.

[81] 吴之凌，胡忆东，汪勰等. 武汉百年规划图记 [M]. 北京：中国建筑工业出版社，2009.

[82] 吴之凌，汪勰. 对外交通方式转变对武汉城市空间结构的影响 [J]. 城乡规划，2012（4）.

[83] 汪勰. 我国城市群建设中存在的问题及其解决途径 [J]. 城市问题，2012（9）.

[84] 汪勰. 城乡统筹与区域统筹的相容性 [J]. 城市发展研究，2012（12）.

[85] 汪勰．低碳视角下城市总体规划编制技术应用探讨 [J]．规划师，2010（5）．

[86] 汪勰．区域经济梯度转移背景下的中部城市自主创新对策研究 [M]．第 47 届国际规划大会论文集，2011．

[87] 武汉市城市规划管理局．武汉市城市规划志 [M]．武汉：武汉出版社，1999．

[88] 武汉市城市规划管理局．武汉市城市总体规划 [Z]，1953，1959，1982，1988，1996，2010．

[89] 中国城市规划设计研究院．武汉 2049 远景发展战略 [Z]，2013．

[90] 胡忆东，胡跃平等．武汉城市圈空间布局规划研究 [R]，2010．

[91] 宋中英，林建伟等．武汉都市工业区布局规划 [Z]，2011．

[92] 林建伟，冯国芳等．武汉市四大工业板块空间布局规划 [Z]，2012．

[93] 武汉市统计局．武汉市产业结构现状及与相关城市比较分析 [Z]，2010．

[94] 何梅，汪云，夏巍等．武汉生态框架规划 [Z]，2011．

2. 外文文献

[1] Tan M., Li X., Xie H., et al. Urban Land Expansion and Arable Land Loss in China: A Case Study of Beijing-Tianjin-Hebei Region[J]. Land Use Policy, 2005, 22（3）.

[2] Zinyama L.M. Sources and Range of Data on Land-Use and Land-Cover Change in Zimbabwe[J]. Land Use Policy, 1999, 16（3）.

[3] Sidney Pollard. Peaceful Conquest: the Industrialization of Europe 1760-1970. Oxford：Oxford University Press, 1981.

[4] Michaels, Guy, Redding. Technological Change, Industrialization and Urbanization[M]. LSE Manuscript, 2006.

[5] Carl Abbott. The Metropolitan Frontier: Cities in the Modern American West[M]. The University of Arizona Press, 1993.

[6] Tom Kemp. Historical Patterns of Industrialization[M]. Longman Group UK Ltd., 1993.

[7] Peter Hall. Cities of Tomorrow: An Intellectual History of Urban Planning and Design in the Twentieth Century[M].3rd edition. Blackwell Publishing, 2002.

[8] A.J.Scott, M.Storper. High Technology Industry and Regional Development: A Technological Critique and Reconstruction[M]. Gorge Overs Ltd., London and Rugby, 1986.

[9] T.G.McGee, George C.S.lin, Andrew M.A Review of China's Urban Space: Development Under Market Socialism[A]. Annals of the Association of American Geographers, 2009（1）.

[10] A.J.Scott. Industrialization and Urbanization: A Geographical Agenda[A]. Annals of the Association of American Geographers, 1986, 76（1）.

[11] Alonso W. Location and Land Use[M]. Cambridge : Harvard University Press, 1965.

[12] Christopher A., De Sousa. Turning Brownfields into Green Space in the City of Toronto[J]. Landscape and Urban Planning, 2003.

[13] Edward K. Muller. Industrial Suburbs and the Growth of Metropolitan Pittsburgh, 1870-1920[J]. Journal of Historical Geography, 2001（27）.

[14] Pijanowski B.C., Brown D.G., Shellito B.A., et al. Using Neural Networks and GIS to Forecast Land Use Changes: A Land Transformation Model[J]. Computers, Environment and Urban Systems, 2002, 26（6）.

[15] Bicik I., Jelecek L., Stepanek V. Land-Use Changes and Their Social Driving Forces in Czechia in the 19th and 20th Centuries[J]. Land Use Policy, 2001, 18（1）.

[16] F. Witlox, H. Timmermans. MATISSE:A Knowledge-Based System for Industrial Site Selection and Evaluation[J]. Computers, Environment and Urban Systems, 2000, 24.

[17] Feldman M.P. The Geography of Innovation[M].Boston : Kluwer Academic Publishers, 1994.

[18] Maurel F., Sedillot B.A. A Measure of the Geographic Concentration in French Manufacturing Industries[J].Regional Science and Urban Economics, 1999（29）.

[19] Zhang T. Community Features and Urban Sprawl: The Case of the Chicago Metropolitan Region[J]. Land Use Policy, 2001, 18（3）.

[20] Camagni R., Gibelli M.C., Rigamonti P. Urban Mobility and Urban Form: The Social and Environmental Costs of Different Patterns of Urban Expansion[J]. Ecological Economics, 2002, 40（2）.

[21] Greg Hise. "Nature's Workshop" Industry and Urban Expansion in Southern California, 1900-1950[J]. Journal of Historical Geography, 2001, 27（1）.

[22] Henry Wai-Chung Yeung, George C. S. Lin. Theorizing Economic Geographies of Asia[J]. Urban Geography, 2003, 79（2）.

[23] J. Esteban. Regional Convergence in Europe and the Industry Mix:A Shift-Share Analysis[J]. Regional Science and Urban Economics, 2000, 30.

[24] Jacobs J. The Economy of Cities[M]. New York : Random House, 1969.

[25] George C.S. Lin.Transportation and Metropolitan Development in China's Pearl River Delta:The Experience of Panyu[J].Habitat Intl, 1999, 23（2）.

[26] Verburg P.H., Veldkamp A., Fresco L.O. Simulation of Changes in the Spatial Pattern of Land Use in China[J]. Applied Geography, 1999, 19（3）.

[27] Lan-Chih Po.Strategies of Urban Development in China's Reforms, a Dissertaion for Doctorate Degree in University of Califonia, Berkeley.

[28] Laura Resmini. Economic Integration, Industry Location and Frontier Economies in Transition Countries[J]. Economic Systems, 2003, 27.

[29] Ma, Laurence J.C. Urban Transformation in China, 1949—2000, a Review and Research Agenda[Z].

[30] Mee Kam Ng, Wing-Sheng Tang. Theorizing Urban Planning in a Transitional Economy: The Case of Shenzhen, PRC[J]. TPR, 2004, 75（2）.

[31] Holger Magel.Urban-Rural Interrelationship for Sustainable Development[EB/OL]. http://www.fig.net/council/magel-papers/magel_marrakech_2003_opening.pdf.

[32] Philippe Martin, Gianmarco I.P. Growing Locations—Industry Location in a Model of Endogenous Growth[J]. European Economic Review, 1999（43）.

[33] Thomas A. Hutton. Service Industries, Globalization, and Urban Restructuring within the Asia-Pacific:New Development Trajectories and Planning Responses[J]. Progress in Planning, 2004, 61.

[34] Thomas A. Hutton. The New Economy of the Inner City[J]. Cities, 2004, 21（2）.

[35] Ting Gao. Regional Industrial Growth:Evidence from Chinese Industries[J]. Regional Science and Urban Economics, 2004.

[36] Tingwei Zhang. Land Market Forces and Government's Role in Sprawl—The Case of China[J].Cities, 2000, 17（2）.

[37] Yeh, Anthony Gar-On. Economic Restructuring and Land Use Planning in Hongkong[J]. Land Use Policy, 1997, 14（1）.

[38] Ginsburg N., Koppel B., Mcgee T.G.The Extended Metropolis:Settlement Transition in Asia[M]. Honolulu: University of Hawaii Press, 1991.

[39] Vejre Henrik, Primdahl Jørgen, Brandt Jesper.The Copenhagen Finger Plan Keeping a Green Space Structure by a Simple Planning Metaphor[J]. Europe's Living Landscapes, 2007.

[40] Jon Sigurdson.Rural Industrialization in China:Approachesand Results[J].World Development, 1975, 3.

[41] Antrop M. Landscape Change and the Urbanization Process in Europe[J]. Landscape and Urban Planning, 2004.

[42] Josef Gugler. The Urbanization of the Third World[M]. Oxford : Oxford University

Press, 1988.

[43] G. Edward Ebanks, Chaoze Cheng. China: A Unique Urbanization Model[J]. Asia—Pacific Population Journal, 1990, 5（3）.

[44] Gould W.T.S.Rural—Urban Interaction in the Third World[D].Mimeo: University of Livepool, 1985.

[45] M.Fujita, J.F.Thesis. Eocnomics of Agglomeration:Cities, Industtial Laction, and Regional Growth[M].Cambridge: Cambridge Univesriyt Press, 2003.

[46] Zhao X.B., Zhang L. Urban Performance and the Control of Urban Size in China[J]. Urban Studies, 1995, 32.

[47] Mccann. Ubran and Regional Economies[M].Oxford : Oxford University Press, 2001.

[48] Peter J.Taylor, Michael Hoyler, Raf Verbruggen. External Urban Relational Process: Introducing Central Flow Theory to Complement Central Place Theory[J]. Urban Studies, 2010（47）.

[49] Fumio Hayashi, Edward C.Prescott.The Depressing Effect of Agricultural Institutions on the Prewar Japanese Economy[J]. Journal of Political Economy, 2008（8）.

[50] Long Hualou, Zou Jian, Liu Yansui. Differentiation of Rural Development Driven by Industrialization and Urbanization in Eastern Coastal China[J]. Habitat International, 2009（4）.